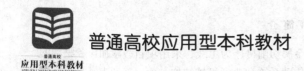

普通高校应用型本科教材

金属切削机床概论

主　编　何　萍
副主编　谢星葵　占丽娜　何　宇
主　审　肖文福

北京理工大学出版社
BEIJING INSTITUTE OF TECHNOLOGY PRESS

内 容 简 介

本书从应用型本科教学的实际出发，以典型金属切削机床为主线，采用项目教学加任务驱动的形式，较为全面地介绍了各种机床的工作原理、传动系统和典型机械结构，内容新颖丰富、图文并茂、机床结构分析典型全面，便于读者理解和掌握，突出应用型人才培养要求。全书共分 6 个项目 10 个任务，内容包括机床传动基础知识、卧式车床、普通磨床、齿轮加工机床、其他类型机床、数控机床。

本书为应用型本科院校机械类金属切削机床课程的教材，也可供高职教育相关专业教学使用，还可供从事金属切削机床设计与研究工作的工程技术人员参考。

版权专有　侵权必究

图书在版编目（CIP）数据

金属切削机床概论／何萍主编．—北京：北京理工大学出版社，2019.10（2019.11 重印）

ISBN 978 - 7 - 5682 - 7874 - 4

Ⅰ．①金… Ⅱ．①何… Ⅲ．①金属切削 - 机床 - 高等学校 - 教材　Ⅳ．①TG502

中国版本图书馆 CIP 数据核字（2019）第 240952 号

出版发行 ／ 北京理工大学出版社有限责任公司

社　　址 ／ 北京市海淀区中关村南大街 5 号

邮　　编 ／ 100081

电　　话 ／ （010）68914775（总编室）

　　　　　　（010）82562903（教材售后服务热线）

　　　　　　（010）68948351（其他图书服务热线）

网　　址 ／ http：//www.bitpress.com.cn

经　　销 ／ 全国各地新华书店

印　　刷 ／ 山东临沂新华印刷物流集团有限责任公司

开　　本 ／ 787 毫米 × 1092 毫米　1/16

印　　张 ／ 13

字　　数 ／ 310 千字

版　　次 ／ 2019 年 10 月第 1 版　2019 年 11 月第 2 次印刷

定　　价 ／ 36.00 元

责任编辑 ／ 陆世立

文案编辑 ／ 赵　轩

责任校对 ／ 刘亚男

责任印制 ／ 李志强

图书出现印装质量问题，请拨打售后服务热线，本社负责调换

萍乡学院应用型本科教材编委会

主　任：史焕平

副主任：郭　伟

委　员（按姓氏笔画排序）：

　　文正再　史小力　朱红英　苏　啸　李良松　肖文福

　　邱仁根　何　萍　何根基　陈　林　陈　锋　易志文

　　易淑梅　周锦春　贺晓梅　欧阳咏梅

前　言

　　金属切削机床是机械制造技术的重要载体，代表了一个国家的技术水平和生产能力，担负着为国民经济各部门提供先进技术装备的任务，在生产中占有极其重要的位置。

　　本书根据"全国机械类专业应用型本科人才培养目标及基本规格"的要求，在总结作者多年"金属切削机床"课程教学经验的基础上，结合教学改革"教、学、做一体化教学"和"任务驱动"的特点编写而成。采用项目教学加典型案例分析的形式，打破了以知识传授为主要特征的传统课程教学模式。对每个任务都编排了学习目标、任务描述、相关知识、思考与练习等内容。

　　本书共分6个项目10个任务。绪论讲述机床的发展概述、分类及型号编制。项目一介绍机床的运动和传动原理。项目二介绍卧式车床的传动系统和机械传动机构。项目三介绍普通磨床的传动和工作方法。项目四讲解齿轮加工机床的传动系统和工作原理。项目五介绍钻床、镗床、铣床、刨床、插床和拉床的基本知识。项目六介绍数控机床，包括数控基本知识、数控系统、伺服系统和典型机械结构。

　　本书为应用型本科学校机械设计制造及其自动化专业和其他机械工程类专业的"金属切削机床"或"机械制造装备"课程的教材，也可供高职高专学校、成人高校相关专业教学使用，也可供有关工程技术人员参考。

　　本书由萍乡学院何萍任主编并负责统稿，萍乡学院谢星葵、占丽娜、何宇任副主编，萍乡学院肖文福教授主审。

　　本书编写过程中，作者参阅和引用了有关院校、工厂、科研院所的一些资料和文献，得到了许多同行专家、教授、工程技术人员的支持和帮助，在此表示衷心的感谢！

　　由于编者水平所限，书中如有不足之处，敬请使用本书的师生与读者批评指正，以便进一步改进。若读者在使用本书的过程中有其他意见或建议，请向编者（px.heping@163.com）提出。

编　者

目　录

绪论 ……………………………………………………………………………………… 1
　学习目标 ……………………………………………………………………………… 1
　任务描述 ……………………………………………………………………………… 1
　相关知识 ……………………………………………………………………………… 1
　　一、金属切削机床在国民经济中的地位 …………………………………………… 2
　　二、机床的发展概况和我国机床工业的水平 ……………………………………… 2
　　三、机床的分类 ……………………………………………………………………… 4
　　四、机床的技术参数与尺寸系列 …………………………………………………… 5
　　五、机床型号的编制方法 …………………………………………………………… 5
　　六、机床的一般要求 ………………………………………………………………… 9
　　思考与练习 …………………………………………………………………………… 10
项目一　机床传动的基础知识 …………………………………………………………… 13
　学习目标 ……………………………………………………………………………… 13
　任务描述 ……………………………………………………………………………… 13
　相关知识 ……………………………………………………………………………… 13
　　一、工件的表面形状及其形成方法 ………………………………………………… 14
　　二、机床的运动 ……………………………………………………………………… 16
　　三、机床的传动联系和传动原理图 ………………………………………………… 18
　　四、机床传动系统与运动的调整和计算 …………………………………………… 21
　　思考与练习 …………………………………………………………………………… 25
项目二　卧式车床 ………………………………………………………………………… 31
　学习目标 ……………………………………………………………………………… 31
　任务描述 ……………………………………………………………………………… 31
　相关知识 ……………………………………………………………………………… 31
　　一、CA6140型卧式车床的组成 ……………………………………………………… 31
　　二、CA6140型卧式车床的传动系统 ………………………………………………… 37
　　三、CA6140型卧式车床的主要结构 ………………………………………………… 47
　　思考与练习 …………………………………………………………………………… 61
项目三　普通磨床 ………………………………………………………………………… 66
　学习目标 ……………………………………………………………………………… 66

任务描述 66
　　相关知识 66
　　　一、磨床的功用和类型 66
　　　二、外圆磨床 68
　　　三、M1432A 型万能外圆磨床 68
　　　四、其他类型磨床 81
　　思考与练习 88

项目四　齿轮加工机床 91
　　学习目标 91
　　任务描述 91
　　相关知识 91
　　　一、齿轮加工机床的工作原理 92
　　　二、滚齿机 95
　　　三、其他类型齿轮加工机床 113
　　思考与练习 122

项目五　其他类型机床 126
　　学习目标 126
　　任务一　钻床 126
　　任务描述 126
　　相关知识 126
　　任务二　镗床 131
　　任务描述 131
　　相关知识 132
　　任务三　铣床 138
　　任务描述 138
　　相关知识 138
　　任务四　刨床、插床和拉床 142
　　任务描述 142
　　相关知识 142
　　思考与练习 146

项目六　数控机床 150
　　学习目标 150
　　任务描述 150
　　相关知识 150
　　　一、数控机床的基本组成及其加工原理 150

二、机床中有关数控的基本概念……………………………………………… 154
三、数控机床的特点与分类…………………………………………………… 156
四、数控机床的规格与性能指标……………………………………………… 162
五、数控机床的典型机械结构………………………………………………… 164
六、数控技术的应用与发展…………………………………………………… 180
思考与练习……………………………………………………………………… 188
附录　常用机床组、系代号及主参数……………………………………………… 192
参考文献…………………………………………………………………………………… 197

绪 论

学习目标

（1）了解金属切削机床在国民经济中的地位和发展趋势。
（2）熟悉机床的不同分类方法，重点让学生掌握机床型号的编制方法，使学生能够根据每种机床的型号真实地反映出机床的类别、主要参数、使用与结构特性等。

任务描述

图0-1所示的机床是何种机床？这种机床能加工何种零件？机床上的参数、铭牌是何意思？机床怎样实现零件的切削加工……

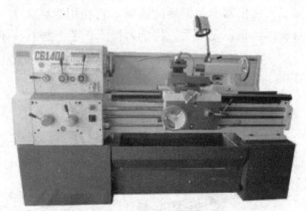

图0-1 金属切削机床示例

相关知识

金属切削机床是用切削的方法将金属（也可以加工非金属，比如工程塑料、夹布胶木）毛坯加工成机器零件的机器，它是制造机器的机器，所以又称为"工作母机"或"工具机"（Machine tools），习惯上简称为机床。

加工金属零件的设备有：铸造、锻造、焊接、冲压、切削加工设备等。

在机械制造工业中，切削加工是将金属毛坯加工成具有一定尺寸、形状和位置精度零件的主要加工方法，尤其是在加工精密零件，目前主要是依靠切削加工来达到所需的精度要求。金属切削机床的品种和规格繁多，为了便于区别、使用和管理，必须对机床加以分类，并给每台机床编制一个特定的名称代号。

一、金属切削机床在国民经济中的地位

在现代机械制造工业中,对于有一定形状、尺寸和表面质量要求的金属工件,特别是精密工件的加工,主要还是在金属切削机床上完成的,因此,金属切削机床是加工机器零件的主要设备。在各类机器制造部门拥有的技术装备中,金属切削机床占有相当大的比重(50%~70%),所担负的工作量约占机械加工总量的40%~60%。

机械工业担负着为国民经济各部门提供先进技术装备的任务,金属切削机床工业(机床工业)是机械工业的重要组成部分,是为机械工业提供先进加工装备和加工技术的"工作母机"工业。一个国家金属切削机床的拥有量、产量、品种和质量如何,是衡量其工业水平的标志之一。因此,金属切削机床工业在国民经济中占据着重要地位。

二、机床的发展概况和我国机床工业的水平

机床是人类在改造自然的长期生产实践中,不断改进生产工具的基础上产生和发展起来的,并随着社会生产的发展和科学技术的进步而渐趋完善。最原始的机床是木制的,所有运动都由人力或畜力驱动,主要用于加工木料、石料和陶瓷制品的泥坯。15~16世纪出现铣床和磨床。我国明代宋应星所著《天工开物》中就已有对天文仪器进行磨削和铣削的记载。图0-2就是1668年加工天文仪器上大铜环的铣床。它利用直径2丈(约6.7 m)的镶片铣刀,由牲畜驱动来进行铣削。铣削完毕后,将铣刀换下,装上磨石,还可以对大铜环进行磨削加工。

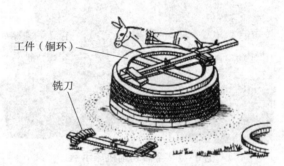

图0-2 1668年我国天文仪器上铜环的铣削加工

现代意义上的用于加工金属机械零件的机床,是在18世纪中叶才开始发展起来的。18世纪末,蒸汽机的出现提供了新型巨大的能源,使生产技术发生了革命性的变化。在加工过程中逐渐产生了专业分工,出现了多种类型的机床。1770年前后创制了镗削汽缸内孔用的镗床,1797年出现带有机动刀架的车床。到19世纪末车床、钻床、镗床、刨床、拉床、铣床、磨床、齿轮加工机床等基本类型的机床已先后形成。随着机械制造业及其相关行业的发展,在机床工业中,不断改进设计基础理论,使用新技术、新材料、新工艺及新方法,使机床在品种和技术性能上得到了迅速的发展。

20世纪以来,齿轮变速箱的出现,使机床的结构和性能发生了根本性的变化。随着电气、液压等技术的出现并在机床上得到普遍应用,使机床技术有了迅速的发展。除通用机床外,又出现了许多变型品种和各式各样的专用机床。20世纪50年代,在综合应用电子技术、检测技术、计算技术、自动控制和机床设计等各个领域最新成就的基础上发展起来的数

控机床，使机床自动化进入了一个崭新的阶段，与早期发展的仅适用于大批量生产的纯机械控制和继电器接触控制的自动化机床相比，它具有很高柔性，即使在单件和小批量生产中也能得到经济的使用。

综观机床的发展历史，它总是随着机械工业的扩大和科学技术的进步而发展，在高速、复合、智能、环保技术的基础上，通过与控制技术、计算机技术、信息技术有机结合，产品不断向高效率、高精度、柔性化、集成化和高可靠性方向发展，出现了向多主轴、多坐标、复合加工，以及成套设备自动化方向发展的趋势。

我国的机床工业是在中华人民共和国成立后建立起来的。1949年中华人民共和国成立时，机床产量仅1 582台，不到10个品种。中华人民共和国成立后，我国机床工业获得了高速发展，目前我国已形成了布局比较合理、比较完整的机床工业体系。我国机床的拥有量和产量已步入世界前列，品种和质量也有很大的发展和提高。机床产品除满足国内建设的需要以外，而且有一部分已远销海外。从2009年起，中国机床产值占有率达30%以上。2011年中国机床工业完成工业总产值7 437.61亿元，同比增长32.50%，整体上呈现出较快的发展趋势。我国已制定了完整的机床系列型谱，生产的机床品种也日趋完善，目前已具备了成套装备现代化工厂的能力。我国机床的性能也在逐步提高，有些机床已经接近世界先进水平。

我国机床工业的发展是迅速的，成就是巨大的。但由于起步晚、底子薄，与世界先进水平相比，还有较大的差距。主要表现在以下几方面。

(1) 精确度、稳定性、可靠性等差距。比如五轴联动数控机床国外领先产品连续1 500 h没有故障，国产产品大约1 000 h，相差1/3。

(2) 机床的复合性能差距较大。目前市场上五轴联动加工中心多用于航天航空、核电等，单台价格达四五百万元。五轴联动数控是欧洲控制的技术，是欧洲在机床方面的核心技术。沈阳机床、大连机床、齐重数控可以做三轴，五轴也可做，但性能与进口产品相比有一定差距。国内企业和航空航天等重要科研单位使用的高档机床基本靠进口。

(3) 数控系统的差距。数控系统是数控机床的核心，德国西门子、利勃海尔和日本的马扎克、法拉克掌握着数控系统的最高水平，利勃海尔数控系统16个软件包的价格接近母机价格，软件和母机一起销售，不分开出售，软件利润非常高。目前国内机床企业使用的中高档机床的数控系统基本是国外进口。

(4) 其他关键配套件差距。大连机床表示可以向国际先进水平追平95%，但剩下的5%不是一个企业甚至一个行业能够做到的，包括钢铁原料、标准件、螺钉、螺帽等，需要提升国家工业整体水平。此外，工艺、检测等环节目前也达不到世界先进水平。

从我国目前机床工业的发展情况来看，自产数控机床仍远远无法满足国内市场的需求，特别是中高端数控机床的比例严重偏低。从2011年的统计来看，1~8月，我国机床工业平均产量数控化率为30.94%，与一些发达国家机床数控率达到70%的水平相比，差距较为明显。与此同时，中国也是当今世界第一大机床消费国和进口国。在市场需求方面，随着国内汽车、钢铁、机械、模具、电子、化工等一批以重工业为基础的高增长行业发展势头强劲，带动了对高效、高精度自动化制造设备的需求，机床工业进入高速增长的阶段。在进口方面，以2011年上半年为例，中国从日本、德国进口机床的数额合计已超过60%，而从进口的机种来看，精密生产、高效高速的中高档数控机床需求明显增加，表现出我国机床需求结构已经发生了较大的改变。

因此，我国机床工业面临着光荣而艰巨的任务，必须奋发图强，努力工作，不断扩大技术队伍和提高人员的技术素质，在学习和引进国外的先进科学技术的同时，努力提高自主创新能力，以便早日赶上世界先进水平。

三、机床的分类

机床是用于制造机械的机器，也是唯一能制造机床自身的机器，机床品种和规格繁多，不同的机床，其构造不同，加工工艺范围、加工精度和表面质量、生产率和经济性、自动化程度和可靠性等都不同。为了给选用、管理和维护机床提供方便，应对机床进行适当的分类和编号。

1. 按机床的加工性能和结构特点分类

根据我国制定的机床型号编制方法（GB/T 15375—2008），目前将机床分为11类：车床、钻床、镗床、磨床、齿轮加工机床、螺纹加工机床、铣床、刨插床、拉床、锯床及其他机床。在每一类机床中，又按工艺范围、布局型式和结构性能等不同，分为若干组，每一组又细分为若干系（系列）。

2. 同类型机床按其工艺范围（通用性程度）进行分类

（1）通用机床。通用机床可用于加工多种零件的不同工序，加工范围较广，通用性较好，但结构比较复杂。这种机床主要适用于单件小批量生产，如卧式车床、摇臂钻床、万能升降台铣床和万能外圆磨床等。

（2）专门化机床。专门化机床的工艺范围较窄，专门用于加工某一类或几类零件的某一道（或几道）特定工序，如曲轴车床、凸轮轴车床等。

（3）专用机床。专用机床的工艺范围最窄，只能用于加工某一零件的某一道特定工序，适用于大批量生产。如汽车、拖拉机制造企业中大量使用的各种组合机床、车床导轨的专用磨床等。

3. 同类型机床按照加工精度进行分类

同类型机床按照加工精度可分为普通精度机床、精密机床和高精度机床。

4. 按照自动化程度进行分类

机床按照自动化程度可分为手动、机动、半自动和全自动机床。

5. 按照重量与尺寸进行分类

机床按照重量与尺寸可分为仪表机床、中型机床（一般机床）、大型机床（质量达到10 t）、重型机床（质量在30 t以上）、超重型机床（质量在100 t以上）。

6. 按机床主要工作部件的数目进行分类

机床按机床主要工作部件的数目可以分为单轴、多轴、单刀或多刀机床等。

7. 按控制方式与控制系统进行分类

机床按控制方式与控制系统可分为仿形机床、程序控制机床、数字控制机床、加工中心和柔性制造系统。

上述几种分类方法，是由于分类的目的和依据不同而提出的。通常机床是按照加工方法（如车、铣、刨、磨、钻等）及某些辅助特征来进行分类的。例如，多轴自动车床就是以车床为基本类型，再加上"多轴""自动"等辅助特征，以区别于其他种类的车床。

随着机床的发展，其分类方法也将不断发展。现代机床正向数控化方向发展，数控机床的功能日趋多样化，工序更加集中。现在一台数控机床集中了越来越多的传统机床功能。例如数控车床在卧式车床功能的基础上，又集中了转塔车床、仿形车床、自动车床等多种车床的功能。可见，机床数控化引起了机床传统分类方法的变化。这种变化主要表现在机床品种不是越来越细，而是趋向综合。

四、机床的技术参数与尺寸系列

机床的技术参数是表示机床尺寸大小及其工作能力的各种数据，一般包括以下几个。

（1）主参数和第二主参数。

① 主参数：是机床最主要的技术参数，它直接反映机床的加工能力，并影响其他参数和基本结构的大小。对通用机床和专门化机床，主参数通常以机床的最大加工尺寸（最大工件尺寸或最大加工面尺寸），或与此有关的机床部件尺寸来表示。

② 第二主参数：为了完整地表示机床的工作能力而规定的。

（2）主要工作部件的结构尺寸，如主轴前端锥孔尺寸、工作台工作面尺寸等。

（3）主要工作部件移动行程范围，卧式车床车刀架纵向、横向移动最大行程；尾座套筒最大行程等。

（4）主运动进给运动的速度和变速级数，快速空行程运动速度等。

（5）主电动机、进给电动机和各种辅助电动机的功率。

（6）机床的轮廓尺寸（长×宽×高）和重量。

机床的技术参数是用户选择和使用机床的重要技术资料，在每台机床的使用说明书中均详细列出。

五、机床型号的编制方法

机床型号是机床产品的代号，用于简明地表示机床的类型、通用特性、结构特性、主要技术参数等。现行的编制方法是按2008年颁布的 GB/T 15375—2008《金属切削机床型号编制方法》执行。此标准规定，机床型号由汉语拼音字母和阿拉伯数字按一定的规律组合而成，它适用于新设计的各类通用机床、专用机床和回转体加工自动线（不包括组合机床、特种加工机床）。

1. 通用机床型号的表示方法

通用机床型号由基本部分和辅助部分组成，中间用"/"隔开，读作"之"。基本部分需统一管理，辅助部分纳入型号与否由生产厂家自定。型号中各组成部分的意义如图0-3所示。

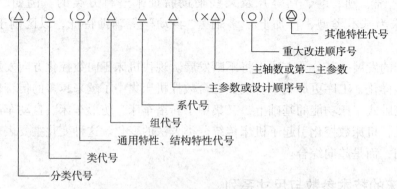

图 0-3 通用机床型号各组成部分的意义

注意以下方面：
① 有"( )"的代号或数字，当无内容时，则不表示，若有内容则不带括号；
② 有"○"符号者，为大写的汉语拼音字母；
③ 有"△"符号者，为阿拉伯数字；
④ 有"⌀"符号者，为大写的汉语拼音字母、或阿拉伯数字、或两者兼有之。

1) 机床的类别代号

机床的类别代号包括分类代号和类代号。机床的类代号用大写的汉语拼音字母表示，按其相应的汉字字意读音。必要时，每类可分为若干分类。分类代号在类代号之前，作为型号的首位，并用阿拉伯数字表示。第一分类代号前的"1"省略，第"2""3"分类代号则应予以表示。例如：铣床类代号"X"，读作"铣"。机床的类别和类别代号见表 0-1。

表 0-1 机床的类别和类别代号

类别	车床	钻床	镗床	磨床			齿轮加工机床	螺纹加工机床	铣床	刨插床	拉床	锯床	其他机床
代号	C	Z	T	M	2M	3M	Y	S	X	B	L	G	Q
读音	车	钻	镗	磨	二磨	三磨	牙	丝	铣	刨	拉	割	其

2) 机床的特性代号

机床的特性代号表示机床具有的特殊性能，包括通用特性和结构特性。这两种特性代号，用大写的汉语拼音字母表示，位于类代号之后。

(1) 通用特性代号。通用特性代号有统一的固定含义，它在各类机床的型号中，表示的意义相同。当某类型机床除了有普通型外，还有某些通用特性时，在类代号之后加通用特性代号予以区别。例如：型号"CK————"表示数控车床，型号"CQ————"表示轻型车床等。如果某类型机床仅有某种通用特性，而无普通型，则通用特性不予表示。如 C1107 型单轴纵切自动车床，由于这类自动车床没有"非自动"型，所以不必用"Z"表示通用特性。

当在一个型号中需同时使用 2~3 个通用特性代号时，一般按重要程度排列顺序。例如：型号"MBG————"表示半自动高精度磨床。机床通用特性代号见表 0-2。

表 0-2 机床通用特性代号

通用特性	高精度	精密	自动	半自动	数控	加工中心（自动换刀）	仿形	轻型	加重型	简式	柔性加工单元	数显	高速
代号	G	M	Z	B	K	H	F	Q	C	J	R	X	S
读音	高	密	自	半	控	换	仿	轻	重	简	柔	显	速

（2）结构特性代号。对主参数值相同而结构、性能不同的机床，在型号中加结构特性代号予以区分。根据各类机床的具体情况，对某些结构特性代号，可以赋予一定含义。但结构特性代号与通用特性代号不同，它在型号中没有统一的含义，只在同类机床中起区分机床结构、性能不同的作用。当型号中有通用特性代号时，结构特性代号更应排在通用能性代号之后。结构特性代号，用汉语拼音字母表示，当单个字母不够用时，可将两个字母组合使用。例如，CA6140型卧式车床型号中的"A"，可理解为这种型号车床在结构上区别于C6140型车床。结构特性代号的字母是根据各类机床的情况分别规定的，在不同型号中的意义可不一样。

注意：结构特性代号中通用特性代号已用的字母和"I、O"两个字母不能用。结构特性代号的字母是根据各类机床的情况分别规定的，在不同型号中的意义可不一样。

3）机床组、系的划分原则及其代号

每类机床按其结构性能及使用范围划分为10个组，每个组又分为10个系。用两位阿拉伯数字表示，前者表示组，后者表示系。组代号、系代号标注在通用特性代号、结构特性代号的后面。在同类机床中，凡主要布局或使用范围基本相同的机床，即同一组。凡在同一组机床中，若其主参数相同、主要结构及布局型式相同的机床，即为同一系。如型号"CM61——"表示精密车床类6组1系。6组：落地及卧式车床；1系：卧式车床。机床的组、系划分见附录。

4）机床主参数和设计顺序号

机床主参数是表示机床规格大小的一种尺寸参数。在机床型号中，用阿拉伯数字给出主参数的折算值，位于机床组、系代号之后。不同机床有不同的折算系数。如钻床主参数是最大钻孔直径，拉床的主参数是额定拉力，则机床主参数的折算系数规定为1；车床主参数是床身上工件最大回转直径，主参数是工作台工作宽度，这类机床主参数的折算系数规定为1/10；大型立车、龙门铣床等类的机床主参数折算系数则规定为1/100；其余详见附录。

主参数的计量单位，尺寸以毫米（mm）计，拉力使用单位千牛（kN），扭矩使用单位牛·米（N·m）。

例如，CA6140型卧式机床中主参数的折算值为40（折算系数是1/10），其主参数表示在床身导轨面上能车削工件的最大回转直径为400 mm。

某些通用机床，当无法用一个主参数表示时，则用设计顺序号来表示。设计顺序号由1开始，当设计顺序号小于10时，由01开始编号。

5）主轴数和第二主参数的表示方法

对于多轴车床、多轴钻床和排式钻床等机床，其主轴数应以实际数值列入型号，置于主参数之后,用"×"分开,读作"乘"。单轴可省略,不予表示。

例如,C2150×6 表示:该车床是切削最大棒料直径为 50 mm 的 6 轴自动车床。

第二主参数(多轴机床的主轴数除外)一般不予表示,如有特殊情况,需在型号中表示,应按一定手续审批。在型号中表示的第二主参数,一般以折算成两位数为宜,最多不超过 3 位数。以长度、深度值等表示的,其折算系数为 1/100;以直径和宽度值等表示的,其折算系数为 1/10;以厚度和最大模数值等表示的,其折算系数为 1。当折算值大于 1 时,则取整数;当折算值小于 1 时,则取小数点后第一位数,并在前面加"0"。

6)机床的重大改进顺序号

当机床的性能及结构布局有重大改进,并按新产品重新设计、试制和鉴定时,在原有机床型号的尾部,应加重大改进号,以区别于原有机床型号。序号按 A、B、C……的字母顺序选用。

注意:常用机床组、系代号及主参数详见附录。

7)其他特性代号

其他特性代号主要用以反映各类机床的特性,如对于数控机床,可用来反映不同的控制系统;对于一般机床,可以反映同一型号机床的变型等。其他特性代号用汉语拼音字母,也可用阿拉伯数字或二者的组合来表示。

8)通用机床型号实例

(1)工作台最大宽度为 500 mm 的精密卧式加工中心,其型号为 THM6350。

(2)工作台最大宽度为 400 mm 的 5 轴联动卧式加工中心,其型号为 TH6340/5L。

(3)工作台面宽度为 630 mm 的单柱坐标镗床,经第一次重大改进后的型号为 T4163A。

(4)最大磨削直径为 400 mm 的高精度数控外圆磨床,其型号为 MKG1340。

(5)经过第一次重大改进,其最大钻孔直径为 25 mm 的四轴立式排钻床,其型号为 Z5625×4A。

(6)最大车削直径为 1 250 mm,经过第一次重大改进的数显单柱立式车床,其型号为 CX5112A。

(7)最大磨削直径为 320 mm 的半自动万能外圆磨床,其型号为 MBE1432。

(8)最大回转直径为 400 mm 的半自动曲轴磨床,其型号为 MB8240。根据加工的需要,在此型号机床的基础上变换的第一种型式的半自动曲轴磨床,其型号为 MB8240/1,变换的第二种型式则为 MB8240/2,依此类推。

2. 专用机床的型号

1)专用机床型号表示方法

专用机床型号一般由设计单位代号和设计顺序号组成,其表示方法如图 0-4 所示。

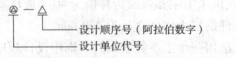

图 0-4 专用机床型号各组成部分的意义

2)设计单位代号

设计单位代号包括机床生产厂和机床研究单位代号(位于型号之首)。

3) 专用机床的设计顺序号

专用机床的设计顺序号，按该单位的设计顺序号排列，由 001 起始，位于设计单位代号之后，并用"—"隔开，读作"至"。

例如，某单位设计制造的第 1 种专用机床为专用车床，其型号为×××001；某单位设计制造的第 100 种专用机床为专用铣床，其型号为×××100。

3. 机床自动线的型号

1) 机床自动线的代号

由通用机床或专用机床组成的机床自动线，其代号为"ZX"（读作"自线"），它位于设计单位代号之后，并用"—"分开，读作"至"。

机床自动线设计顺序号的排列与专用机床的设计顺序号相同，位于机床自动线代号之后。

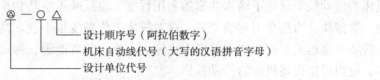

图 0-5　机床自动线型号各组成部分的意义

2) 机床自动线的型号表示方法

例如，某单位以通用机床或专用机床为某厂设计的第一条机床自动线，其型号为×××—ZX001。

我国的机床型号编制方法，自 1957 年第一次颁布以来，随着机床工业的发展，曾作过多次修订和补充。目前企业使用和生产的机床，有相当一部分的型号仍是按照前几次颁布的机床型号编制办法编制的，其含义可查阅 1957 年、1959 年、1963 年、1971 年、1976 年、1985 年和 1994 年历年颁布的机床型号编制办法。

六、机床的一般要求

机床为机械制造的工作母机，它的性能与技术水平直接关系到机械制造产品的质量与成本，关系到机械制造的劳动生产率。因此，机床首先应满足使用方面的要求，其次应考虑机床制造方面的要求。现将这两方面的基本要求简述如下。

1. 工作精度良好

机床的工作精度是指加工零件的尺寸精度、形状精度和表面粗糙度。根据机床的用途和使用场合，各种机床的精度标准都有相应的规定。尽管各种机床的精度标准不同，但是评价一台机床的质量都以机床工作精度作为最基本的要求。机床的工作精度不仅取决于机床的几何精度与传动精度，还受机床弹性变形、热变形、振动、磨损，以及使用条件等许多因素的影响，这些因素涉及机床的设计、制造和使用等方面的问题。

对机床的工作精度不但要求具有良好的初始精度，而且还要求具有良好的精度保持性，即要求机床的零部件具有较高的可靠性和耐磨性，使机床有较长的使用期限。

2. 生产率和自动化程度要高

生产率常用单位时间内加工工件的数量来表示。机床生产率是反映机械加工经济效益的一个重要指标,在保证机床工作精度的前提下,应尽可能提高机床生产率。要提高机床生产率,必须减少切削加工时间和辅助时间。前者在于增大切削用量或采用多刀切削,并相应地增加机床的功率,提高机床的刚度和抗振性;后者在于提高机床自动化程度。

提高机床自动化程度的另一目的就是,改善劳动条件以及加工过程不受操作者的影响,使加工精度保持稳定。因此,机床自动化是机床发展趋向之一,特别是对大批量生产的机床和精度要求高的机床,提高机床自动化程度更为重要。

3. 噪声要小、传动效率要高

机床噪声是危害人们身心健康、影响正常工作的一种环境污染。机床传动机构的运转、某些结构的不合理,以及切削过程都将产生噪声,尤其是速度高、功率大和自动化的机床更为严重。所以,现代机床噪声的控制应予以十分重视。

机床的传动效率反映了输入功率的利用程度,也反映了空转功率的消耗和机构运转的摩擦损失。摩擦功变为热会引起热变形,这对机床工作精度很不利。高速运转的零件和机构越多,空转功率也越大,同时产生的噪声也越大。为了节省能源、保证机床工作精度和降低机床噪声,应当设法提高机床的传动效率。

4. 操作要安全方便

机床的操作应当方便省力且安全可靠,操纵机床的动作应符合习惯以避免发生误操作,以减轻工人的紧张程度,保证工人与机床的安全。

5. 制造和维修方便

在满足使用方面要求的前提下,应力求机床结构简单、零部件数量少、结构的工艺性好、便于制造和维修。机床结构的复杂程度和工艺性决定了机床的制造成本,在保证机床工作精度和生产率的前提下,应设法降低成本、提高经济效益。此外,还应力求机床的造型新颖、外形与色彩美观大方。

思考与练习

一、填空题

1. 金属切削机床是一种用切削方法加工金属零件的工作机械,它是制造机器的机器,因此,又称为_____或_____。
2. 按照机床工艺范围,机床可分为_____、_____和_____。
3. 按照机床的加工方法、所用刀具及其用途,机床可分为车床、钻床、镗床、磨床、_____、_____、铣床、_____、_____、锯床和其他机床。
4. 在机床型号 CM6132 中,字母"C"表示_____,字母"M"表示_____,主参数"32"的含义是_____。
5. 机床型号 M1432 中,"M"的含义是_____,"1"的含义是_____,"32"的含义是_____。
6. 机床型号 CK6140B 中,"C"的含义是_____,"K"的含义是_____,

"40"的含义是_____,"B"的含义是_____。

7. 机床型号 CA6140 表示机床的最大加工直径为_____mm。机床型号 Z3040 表示_____机床。

8. 标准规定,机床的型号是采用_____和_____按一定规则组合而成。

9. 某机床铭牌上表明机床型号为 T4163B,表明该机床为_____床。

10. 代表 CA6140 车床的主参数的是"40",它代表床身上工件的最大回转直径为_____。

二、选择题

1. 机床分类代号"B"表示（　　）类机床。
   A. 刨、插床　　　　B. 半自动机床　　　C. 电加工机床

2. 机床通用特性代号"M"表示机床的（　　）通用特性。
   A. 磨床　　　　　　B. 精密　　　　　　C. 高精密

3. 根据我国机床型号编制方法,最大磨削直径为 320 mm、经过第一次重大改进的高精度万能外圆磨床的型号为（　　）。
   A. MG1432A　　　B. M1432A　　　C. MG432　　　D. MA1432

4. 机床通用特性代号"H"表示机床的（　　）通用特性。
   A. 高精度　　　　　B. 数控　　　　　　C. 自动换刀

5. 卧式车床的主参数用（　　）表示。
   A. 床身上加工工件的最大长度
   B. 床身上最大回转直径
   C. 加工工件最大重量

6. CA6140 机床床身上最大回转直径为（　　）mm。
   A. 40　　　　　　　B. 800　　　　　　C. 400　　　　　　D. 200

7. MM7132A 是（　　）机床,主参数为（　　）。
   A. 精密外圆磨床　　　　　　　　　B. 精密卧轴矩台平面磨床
   C. 最大磨削直径 320 mm　　　　　D. 工作台面宽度 320 mm

8. 下列（　　）机床属于专门化机床。
   A. 卧式车床　　　B. 凸轮轴车床　　　C. 万能外圆磨床　　　D. 摇臂钻床

9. 下列对 CM7132 描述正确的是（　　）。
   A. 卧式精密车床,床身最大回转直径为 320 mm
   B. 落地精密车床,床身最大回转直径为 320 mm
   C. 仿形精密车床,床身最大回转直径为 320 mm
   D. 卡盘精密车床,床身最大回转直径为 320 mm

10. 按照工作精度来划分,钻床属于（　　）。
    A. 高精度机床　　B. 精密机床　　　C. 普通机床　　　D. 组合机床

三、分析题

1. 举例说明通用机床、专门化机床和专用机床的主要区别是什么？

2. 说出下列机床的名称和主参数（第二主参数），并说明它们各具有何种通用和结构特性。机床型号有：CM6132、C1336、C2150×6、Z3040×16、T6112、T4163B、XK5040、B2021A、MGB1432。

思考与练习答案

项目一　机床传动的基础知识

学习目标

（1）理解工件加工表面成形方法和所需机床运动。
（2）分清简单成形运动和复合成形运动、表面成形运动和辅助运动、主运动和进给运动等概念。
（3）掌握机床传动链基本构成原理。
（4）熟练识读机床的传动系统图。
（5）会分析机床的传动系统并掌握机床的运动计算。

任务描述

认识和分析机床，首先应根据在该机床上所要求加工的表面形状、使用的刀具类型和加工方法去分析机床的运动，即分析机床必须具备的那些运动以及弄明白这些运动的性质。然后，在这个基础上，再进一步了解机床传动部分的组成，以及为实现机床所需运动的机构及结构，并掌握机床运动的调整。这种认识机床的方法，称之为"表面—运动—传动—机构（结构）—调整"的认识机床方法。

相关知识

各种类型机床的具体用途和加工方法虽然各不相同，但基本上工作原理相同，即所有机床都必须通过刀具和工件之间的相对运动，切除工件上多余金属，形成具有一定形状、尺寸和表面质量的工件表面，从而获得所需的机械零件。因此，机床加工机械零件的过程，其实质就是形成零件上各个工作表面的过程。

为了适应工件和刀具的材料、尺寸及加工精度的变化，并满足不同加工工序的要求，通用机床和专门化机床的主运动和进给运动速度，需在一定范围内变化。根据速度调节变化的特点不同，机床的传动可分为无级变速传动和有级变速传动。无级变速传动的速度变换是连续的，即在一定范围内可以调节到需要的任意速度。有级变速传动的速度变换是不连续的，即在一定范围内只能调节到有限的若干级速度。目前在绝大多数的机床上，以采用机械式有级变速传动为主，具体原因为其具有结构紧凑、工作可靠、效率高、变速范围大等优点。

一、工件的表面形状及其形成方法

1. 工件的表面形状

机械零件的形状多种多样，但构成其内、外轮廓表面的通常是几种简单、基本表面的组合：平面、圆柱面、圆锥面、球面、各种成形面等，图1-1所示的就是构成机械零件外形轮廓的常用表面。这些表面都属于线性表面，既可经济地在机床上进行加工，又较易获得所需精度。

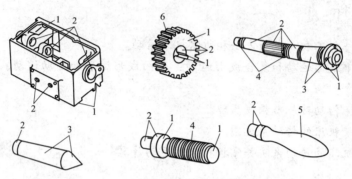

图1-1 构成机械零件外形轮廓的常用表面

1—平面；2—圆柱面；3—圆锥面；4—螺旋面（成形面）；5—回转体成形面；6—渐开线表面（直线成形面）。

2. 表面成形方法

1）表面成形原理

从几何学观点看，任何一个表面，都可以看成是一条线沿着另一条线运动而形成的。并且人们把这两条线叫作母线和导线，统称为发生线。如图1-2（a）所示，平面是由直线1（母线）沿直线2（导线）运动而形成；图1-2（b）、(c) 所示圆柱面和圆锥面是由直线1（母线）沿着圆2（导线）运动而形成；图1-2（d）为圆柱螺纹的螺旋面是由"∧"形成线1（母线）沿螺纹线2（导线）运动而成；图1-2（e）为直齿圆柱齿轮的渐开线齿廓表面，是由渐开线1（母线）沿直线2（导线）运动而形成的。

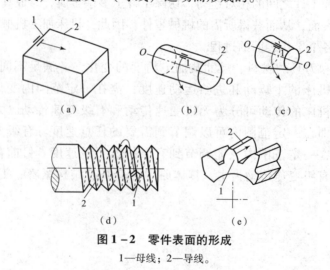

图1-2 零件表面的形成

1—母线；2—导线。

在上述举例中不难发现，有些表面，其母线和导线可以互换，如圆柱面和直齿圆柱齿轮的渐开线齿廓表面等，称为可逆表面。而有些表面，其母线和导线不可互换，如圆锥面、螺纹面，称为不可逆表面。一般说来，可逆表面可采用的加工方法，要多于不可逆表面。

2）发生线的形成

机床上加工零件时，零件所需形状的表面是通过刀具和工件的相对运动，用刀具的切削刃切削出来的，其实质就是借助于一定形状的切削刃，以及切削刃与被加工表面之间按一定规律的相对运动，形成所需的母线和导线。由于加工方法和使用刀具切削刃形状的不同，机床上形成发生线的方法和所需运动也不同，归纳起来有以下4种：轨迹法、成形法、相切法和展成法，如图1-3所示。

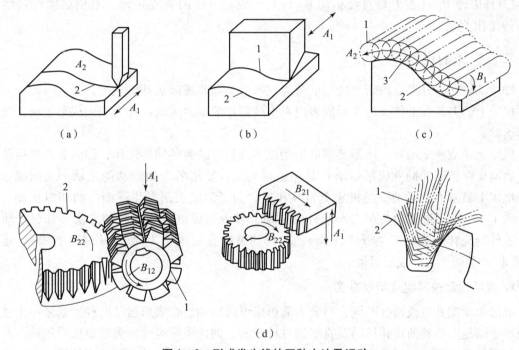

图1-3 形成发生线的四种方法及运动
(a) 轨迹法；(b) 成形法；(c) 相切法；(d) 展成法
1—刀尖或切削刃；2—发生线；3—刀具轴线的运动轨迹。

(1) 轨迹法。轨迹法是利用刀具作一定规律的轨迹运动对工件进行加工的方法。切削刃与被加工表面为点接触（实际是在很短一段长度上的弧线接触），因此切削刃可看作是一个点。为了获得所需发生线，切削刃必须沿着发生线作轨迹运动。图1-3（a）所示例子中，刨刀沿箭头 A_1 方向所作直线运动，形成了直线形的母线；刨刀沿箭头 A_2 方向所作曲线运动，形成了曲线形的导线。显然，采用轨迹法形成发生线，需要一个独立的运动。

(2) 成形法。成形法是利用成形刀具对工件进行加工的方法。如图1-3（b）所示，切削刃是一条与所需形成的发生线完全吻合的切削线，因此加工时不需要任何运动，便可获得所需发生线。曲线形母线由成形刨刀的切削刃直接形成，直线形的导线则由轨迹法形成。

(3) 相切法。相切法是利用刀具边旋转、边作轨迹运动对工件进行加工的方法。如

图 1-3 (c) 所示,切削刃可看作是点,当该切削点绕着刀具轴线作旋转运动 B_1,同时刀具轴线沿着发生线的等距线作轨迹运动 A_2 时,切削点运动轨迹的包络线,便是所需的发生线。因此,采用相切法形成发生线,需要 2 个独立的成形运动,即刀具的旋转运动和刀具中心按一定规律运动。

(4) 展成法 (范成法)。展成法是利用刀具和工件作展成切削运动的加工方法,切削刃是一条与需要形成的发生线共轭的切削线。加工时,刀具与工件按确定的运动关系作相对运动,切削刃与被加工表面相切,切削刃各瞬时位置的包络线就是所需的发生线。用展成法形成发生线时,刀具和工件之间的相对运动通常由两个运动 (旋转+旋转或旋转+移动) 组合而成,这两个运动之间必须保持严格的运动关系,彼此不能独立,它们共同组成一个复合的运动,这个运动称为展成运动。如图 1-3 (d) 所示,工件旋转运动 B_{22} 和刀具旋转 B_{12} (或刀具直线移动 B_{21}) 是形成渐开线的展成运动,它们必须保持的严格的传动比关系。

二、机床的运动

按运动的功用分类,机床上的运动分为成形运动和非成形运动两大类。

机床上的刀具和工件,为了形成表面发生线而作的相对运动,称为表面成形运动,简称成形运动。

机床上除成形运动外,还需要辅助运动以实现机床的各种辅助动作,称为非成形运动。

表面成形运动 (简称成形运动) 是保证得到工件要求的表面形状的运动。表面成形运动是机床上最基本的运动,是机床上刀具和工件为了形成表面发生线而作的相对运动。例如,图 1-4 (a) 是用尖头车刀车削外圆柱面,其中形成母线和导线的方法,都属于轨迹法。工件的旋转运动 B_1 产生母线 (圆),刀具的纵向直线运动 A_2 产生导线 (直线)。运动 B_1 和 A_2 就是两个表面成形运动。

1. 成形运动按其组成情况分类

成形运动按其组成情况不同,可分为简单成形运动和复合成形运动两种。如果一个独立的成形运动是由单独的旋转运动或直线运动构成的,则此成形运动称为简单成形运动。在机床上,简单成形运动一般是主轴的旋转、刀架和工作台的直线移动。通常用符号 A 表示直线运动,用符号 B 表示旋转运动。例如,用尖头车刀车削外圆柱面时 [见图 1-4 (a)],工件的旋转运动 B_1 和刀具的直线移动 A_2 就是两个简单运动。

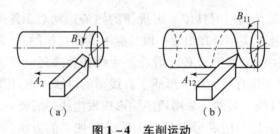

图 1-4 车削运动
(a) 车削外圆柱面;(b) 车削螺纹

如果一个独立的成形运动,是由两个或两个以上的旋转运动或直线运动,按照某种确定的运动关系组合而成,则称此成形运动为复合成形运动。例如,车削螺纹时 [见图 1-

4(b)],形成螺旋形发生线所需的刀具和工件之间的相对螺旋轨迹运动,通常将其分解为工件的等速旋转运动 B_{11} 和刀具的等速直线移动 A_{12}。B_{11} 和 A_{12} 彼此不能独立,它们之间必须保证严格的运动关系,即工件每转一圈时,刀具直线移动的距离应等于螺纹的一个导程,从而 B_{11} 和 A_{12} 这两个运动组成一个复合运动。

由复合成形运动分解的各个部分,虽然都是直线运动或旋转运动,与简单运动相似,但本质是不同的。前者是复合运动的一部分,各个部分必然保持严格的相对运动关系,是互相依存,而不是独立的。而简单运动之间是互相独立的,没有严格的相对运动关系。

2. 成形运动按在切削过程中的作用分类

成形运动按其在切削过程中所起的作用,又可分为主运动和进给运动。

1) 主运动

主运动是指直接切除工件上多余材料(切削层),使之转变为切屑,以形成工件新表面的运动。金属切削过程中,无论哪种切削运动,主运动只有一个,且它的速度较高、功率消耗也较大,约占功率消耗的 90%。主运动可以由工件完成,如车削加工时工件的旋转运动;也可以由刀具完成,如铣削、钻削加工中的铣刀、钻头的旋转运动,刨削加工时刨刀的直线运动。

2) 进给运动

进给运动是不断地把切削层投入切削,以逐渐切出整个工件表面的运动。切削运动中,进给运动可以是一个(如钻削加工时)或多个(如磨削加工时),也可能没有(如拉削加工时)。进给运动通常速度较低、功率消耗较小,可以是连续的,也可以是间断的。例如,车削外圆时,纵向进给运动是连续的,横向进给运动是间断的,进给运动仅消耗功率的 10% 左右。主运动和进给运动可能是简单成形运动,也可能是复合成形运动。

成形运动是机床上最基本的运动,其轨迹、数目、行程和方向等,在很大程度上决定着机床的传动和结构形式。显然,采用不同工艺方法加工不同形状的表面,所需要的成形运动是不同的,从而产生了各种不同类型的机床。然而,即使是用同一种工艺方法和刀具结构加工相同表面,由于具体加工条件不同,成形运动在刀具和工件之间的分配也往往不同。例如,车削圆柱面,绝大多数情况下成形运动是工件旋转和刀具直线移动。但根据工件形状、尺寸和坯料形式等具体条件不同,成形运动也可以是工件旋转并直线移动,或刀具旋转、工件直线移动,或者刀具旋转并直线移动(见图 1-5)。成形运动在刀具和工件之间的分配情况不同,机床结构也不一样,这就决定了机床结构形式的多样化。

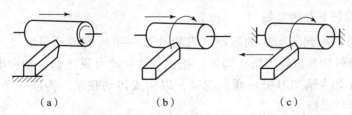

图 1-5 圆柱面的车削加工方式

(a) 工件旋转并直线移动;(b) 刀具旋转、工件直线移动;(c) 刀具旋转并直线移动

3) 辅助运动

机床的运动除了成形运动外，还有一些实现机床切削过程的辅助工作而必须进行的辅助运动，该运动不直接参与成形运动，但为切削加工的工件运动创造了加工的必要条件，是不可缺少的。它的种类很多，主要包括以下几种。

（1）切入运动。刀具相对工件切入一定深度，以保证工件获得一定的加工尺寸。

（2）分度运动。加工若干个完全相同的均匀分布表面时，为使成形运动得以周期性地继续进行的运动称为分度运动。例如，多工位工作台、刀架等的周期性转位或移位，以便依次加工工件上的各有关表面，或依次使用不同刀具对工件进行顺序加工。

（3）操纵和控制运动。操纵和控制运动包括起动、停止、变速、换向、部件与工件的夹紧、松开、转位以及自动换刀、自动检测等。

（4）调位运动。调位运动是加工开始前机床有关部件的移动，以调整刀具和工件之间的正确相对位置。

（5）各种空行程运动。空行程运动是指进给前后的快速运动。例如，在装卸工件时为避免碰伤操作者或划伤已加工表面，刀具与工件应相对退离。在进给开始之前刀具快速引进，使刀具与工件接近。进给结束后刀具应快速退回。例如车床的刀架或铣床的工作台，在进给前后都有快进或快退运动。

三、机床的传动联系和传动原理图

1. 机床传动的组成

为了实现加工过程中所需的各种运动，机床必须有执行件、动力源和传动装置三个基本部分。

1）执行件

执行件是执行机床运动的部件，如主轴、刀架、工作台等。其任务是装夹刀具或工件，并直接带动其完成一定形式的运动并保持其准确的运动轨迹。

2）动力源

动力源是为执行件提供动力和运动的装置，如交流异步电动机、直流或交流调速电动机和伺服电动机等。

3）传动装置

传动装置是传递运动和动力的装置，通过它把执行件和动力源或有关执行件联系起来，使执行件获得一定速度和方向，并使有关执行件之间保持某种确定的相对运动关系。

2. 机床的传动联系和传动链

在机床上，为了得到所需要的运动，需要通过一系列的传动装置（轴、带、齿轮副、蜗杆副、丝杠螺母机构和齿轮齿条机构等）把执行件和动力源（如主轴和电动机），或者把执行件和执行件（如主轴和刀架）联系起来，以构成传动联系。构成一个传动联系的一系列传动装置，称为传动链。

传动链中的传动机构可分为定比传动机构和换置机构两种。定比传动机构的传动比不变，如带传动、定比齿轮副和丝杠螺母副等。换置机构可根据需要改变传动比或传动方向，如滑移齿轮变速机构、挂轮机构及各种换向机构等。

根据传动联系的性质不同，传动链还可分为内联系传动链和外联系传动链。

1) 外联系传动链

外联系传动链是动力源（如电动机）与执行件（如主轴、刀架、工作台等）之间的传动链，使执行件得到预定速度的运动，且传递一定的动力。此外，外联系传动链还包括变速机构和换向（改变运动方向）机构等。外联系传动链传动比的变化，只影响生产率或表面粗糙度，不影响发生线的性质。因此，外联系传动链不要求动力源与执行件之间有严格的传动比关系。例如，在车床上用轨迹法车削圆柱面时，主轴的旋转和刀架的移动是两个互相独立的成形运动，有两条外联系传动链。主轴的转速和刀架的移动速度，只影响生产率和工件表面粗糙度，不影响圆柱面的形成（即不影响发生线的性质）。传动链的传动比不要求很精确，工件的旋转和刀架的移动之间，也没有严格的相对速度关系。

2) 内联系传动链

内联系传动链联系的是复合运动中的多个分量，也就是说它所联系的是有严格运动关系的两个执行件，以获得准确的加工表面形状及较高的加工精度。有了内联系传动链，机床工作时，由其所联系的两个执行件就按照规定的运动关系作相对运动，但是内联系传动链本身并不能提供运动，为使执行件得到运动，还需要外联系传动链将运动传到内联系传动链上来。例如，在车床上用螺纹车刀车削螺纹时，为了保证所加工螺纹的导程值，主轴（工件）每转一圈，车刀必须直线移动一个螺纹导程。此时，联系主轴和刀架之间的螺纹传动链，就是一条传动比有严格要求的内联系传动链。假如传动比不准确，则车螺纹就不能得到要求的螺纹导程；加工齿轮时就不能展成正确的渐开线齿廓。因此，内联系传动链中不能有传动比不确定或瞬时传动比有变化的传动机构，如带传动、摩擦传动和链传动等。

通过以上对机床运动的分析，可以看出：每一个运动，不论是简单的还是复杂的，必须有一条外联系传动链；只有复合成形运动才有内联系传动链。如果一个复合成形运动分解为两个部分则必有一条内联系传动链；外联系传动链不影响发生线的性质，只影响发生线形成的速度；内联系传动链影响发生线的性质和执行件运动的轨迹；内联系传动链只能保证执行件具有正确的运动轨迹，要使执行件运动起来，还须通过外联系传动链把动力源和执行件联系起来，使执行件得到一定的运动速度和动力。

3. 机床的传动原理图

通常，传动链包括各种机构，如带传动、齿轮齿条副、蜗轮蜗杆副、丝杠螺母副、滑移齿轮变速机构、交换齿轮变速机构、离合器变速机构、交换齿轮或挂轮架，以及各种电的、液压的和机械的无级变速机构等。在考虑传动路线时，通常把上述机构分成两大类：一类是传动比和传动方向固定不变的传动机构，如带传动、定比齿轮副、蜗轮蜗杆副、丝杠螺母副等，称为定比传动机构，另一类是能根据需要变换传动比和传动方向的传动机构，如交换齿轮变速机构、滑移齿轮变速机构等，称为换置机构。

为了便于研究机床的传动联系，常用一些简明的符号把传动原理和传动线路表示出来，这就是传动原理图，在图中仅表示与形成某一表面直接有关的运动及其传动联系。图1-6是传动原理图常用的一些示意符号。其中表示执行件的符号，还没有统一的规定，一般采用较直观的圆形表示。为了把运动分析的理论推广到数控机床，图中引入了数控机床传动原理图中所需要用的一些符号，如电的联系、脉冲发生器等。

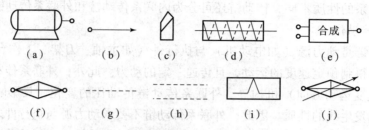

图1-6 传动原理图常用的一些示意符号

(a) 电动机；(b) 主轴；(c) 车刀；(d) 滚刀；(e) 合成机构；(f) 传动比可变的换置机构；
(g) 传动比不变的机械联系；(h) 电的联系；(I) 脉冲发生器；(j) 快调换置器官—数控系统

下面举例说明传动原理图的画法和所表示的内容。

例1.1 卧式车床传动原理图。

卧式车床用螺纹车刀车削圆柱螺纹时的传动原理图如图1-7所示。图中由主轴至刀架的传动联系为两个执行件之间的传动联系，由此保证刀具与工件间的相对运动关系。这个运动是复合成形运动，可分解为两部分：主轴的旋转 B 和车刀的纵向移动 A。因此，此种情况下车床应有两条传动链。

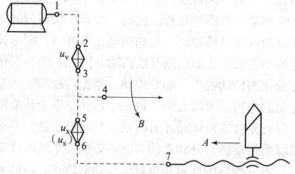

图1-7 车削圆柱螺纹时的传动原理图

(1) 主轴—4—5—u_x—6—7—丝杠：该传动链是复合成形运动 A 和 B 的内联系传动链，u_x 表示螺纹传动链的换置机构，如交换齿轮架上的交换齿轮和进给箱中的滑移齿轮变速机构等，可通过调整 u_x 来得到被加工螺纹的导程。

(2) 电动机—1—2—u_v—3—4—主轴：该传动链是联系动力源与复合成形运动 A 和 B 的外联系传动链，外联系传动链可由电动机联系复合成形运动中的任意环节。u_v 表示主运动传动链的换置机构，如滑移齿轮变速机构和离合器变速机构等，通过 u_v 可调整主轴的转速，以适应切削速度的需要。

在卧式车床上车削外圆柱面时，由表面成形原理可知，主轴的旋转和刀具的移动是两个独立的简单运动。这时车床应有两条外联系传动链，如图1-7所示，其中一条为：电动机—1—2—u_v—3—4—主轴；另一条为：电动机—1—2—u_v—3—4—5—u_s—6—7—丝杠。其中1—2—u_v—3—4 是两条传动链的公共段。u_s 为刀架移动速度换置机构的传动比，它实际上与 u_x 是同一变换机构。这样，虽然车削圆柱螺纹和车削外圆柱面时运动的数量和性质不同，但可共用一个传动原理图。其差别仅在于：当车削螺纹时，u_x 必须计算和调整精确；当车削外圆柱面时，u_s 不需要准确。

例1.2 数控车床的传动原理图。

数控车床的传动原理图基本上与卧式车床相同，所不同的是数控车床多以电气控制，如图1-8所示。车削螺纹时，脉冲发生器P通过机械传动装置（通常是1对齿数相等的齿轮）与主轴相联系。主轴每转1圈，脉冲发生器P发出n个脉冲。脉冲经3—4传至纵向快速调整换置机构u_{c1}和伺服系统5—6，控制伺服电动机M_1，它可以经机械传动装置7—8或直接与滚珠丝杠连接，使刀架作纵向直线移动A_1，并保证主轴每转1圈，刀架纵向移动1个工件螺纹的导程。改变u_{c1}，可使脉冲发生器P输出脉冲发生变化，以满足车削不同导程螺纹的要求。

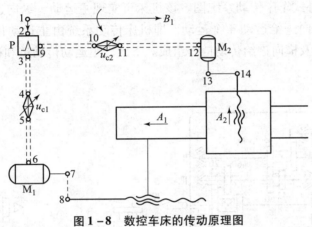

图1-8 数控车床的传动原理图

车削螺纹时，脉冲发生器P发出的脉冲经9—10—u_{c2}—11—12—M_2—13—14—纵向丝杠，使刀具作横向移动A_2。

车削成形曲面时，主轴每转1圈，脉冲发生器P发出的脉冲同时控制刀架纵向直线移动A_1和刀具横向移动A_2。这时，传动链为纵向丝杠—8—7—M_1—6—5—u_{c1}—4—3—P—9—10—u_{c2}—11—12—M_2—13—14—横向丝杠，形成一条内联系传动链，u_{c1}、u_{c2}同时不断变化，保证刀尖沿着要求的轨迹运动，以便得到所需的工件表面形状，并使刀架纵向直线移动A_1和刀具横向移动A_2的合成线速度的大小基本保持恒定。

车削外圆柱面或端面时，主轴的转动B_1、刀架纵向直线移动A_1和刀具横向移动A_2是3个独立的简单成形运动，u_{c1}、u_{c2}用以调整主轴的转速和刀具的进给量。

四、机床传动系统与运动的调整和计算

1. 机床传动系统分析

实现机床加工过程中全部成形运动和辅助运动的各传动链，组成一台机床的传动系统。根据执行件所完成运动的作用不同，传动系统中各传动链分为主运动传动链、进给运动传动链、范成运动传动链和分度运动传动链。

为便于了解和分析机床的传动结构及运动传递情况，把传动原理图所表示的传动关系用一种简单的示意图形式，即传动系统图体现出来。它是表示实现机床全部运动的一种示意图，图中将每条传动链中的具体传动机构用简单的规定符号表示（规定符号详见国家标准GB/T 4460—2013《机械制图——机构运动简图用图形符号》），同时标明齿轮和蜗轮的齿

数、蜗杆头数、丝杆导程、带轮直径、电动机功率和转速等,并按照运动传递顺序,以展开图形式绘在能反映机床外形及主要部件相互位置的投影面上。传动系统图只表示传动关系,不表示各传动元件的实际尺寸和空间位置。

分析传动系统图的一般方法是:根据主运动、进给运动和辅助运动确定有几条传动链;首先找到传动链所联系的两个末端件(动力源和某一执行件,或者一个执行件到另一个执行件),然后按照运动传递或联系顺序,从一个末端件向另一末端件,依次分析各传动轴之间的传动结构和运动传递关系,以查明该传动链的传动路线以及变速、换向、接通和断开的工作原理。

图1-9所示为卧式车床传动系统图。该机床可实现主运动、纵向进给运动、横向进给运动和车螺纹时的纵向进给运动4个运动,即机床传动系统由主运动传动链、车螺纹传动链、纵向进给传动链及横向进给传动链等组成。下面以主运动传动链和进给运动传动链为例进行分析。

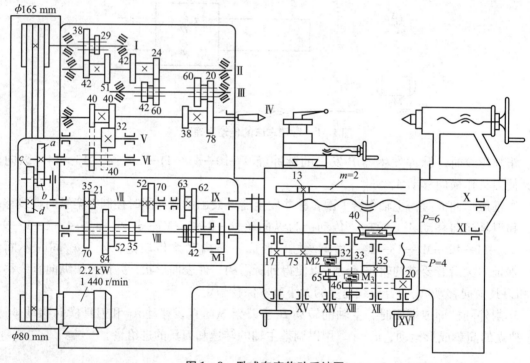

图1-9 卧式车床传动系统图

a、b、c、d—交换齿轮的齿数;P—丝杆导程;M_1、M_2、M_3—离合器。

1)主运动传动链。

卧式车床的主运动是主轴带动工件的旋转运动,其传动链的两端件是主电动机(2.2 kW,1 440 r/min)和主轴Ⅳ,其传动路线为:由电动机经带传动$\frac{\phi 80}{\phi 165}$将运动传至轴Ⅰ,然后再经轴Ⅰ—Ⅱ、Ⅱ—Ⅲ和Ⅲ—Ⅳ之间的3个滑移齿轮(双联齿轮)变速组,使主轴获得$2 \times 2 \times 2 = 8$级转速。其传动路线表达式如下:

$$\text{电动机} - \frac{\phi 80}{\phi 165} - \text{I} - \begin{bmatrix} \frac{29}{51} \\ \frac{38}{42} \end{bmatrix} - \text{II} - \begin{bmatrix} \frac{24}{60} \\ \frac{42}{42} \end{bmatrix} - \text{III} - \begin{bmatrix} \frac{20}{78} \\ \frac{60}{38} \end{bmatrix} - \text{IV（主轴）}$$

2）进给运动传动链

主轴Ⅳ的后端装有两个齿数相同的齿轮 $z40$ 固联在一起，由它们把运动传至刀架。主轴的运动通过轴Ⅳ—Ⅵ之间的滑移齿轮变速机构传至轴Ⅷ。当轴Ⅷ上的滑移齿轮 $z42$ 与轴Ⅸ上的齿轮 $z62$ 或 $z63$ 啮合时运动传至轴Ⅸ，然后经联轴节传动丝杠Ⅹ旋转，通过开合螺母机构使刀架纵向移动，这就是车削螺纹时刀架的转动路线。其表达式为：

$$\text{Ⅳ（主轴）} - \begin{bmatrix} \frac{40}{32} \times \frac{32}{40} \\ \frac{40}{40} \end{bmatrix} - \text{Ⅵ} - \frac{a}{b} \cdot \frac{c}{d} - \text{Ⅶ} - \begin{bmatrix} \frac{21}{84} \\ \frac{35}{70} \\ \frac{70}{35} \end{bmatrix} - \text{Ⅷ} - \begin{bmatrix} \frac{42}{62} \\ \frac{42}{63} \end{bmatrix} - \text{Ⅸ} - \text{Ⅹ（丝杠）}$$

当滑移齿轮 $z42$ 右移，与轴Ⅺ上的内齿离合器 M_1 接合时，运动由轴ⅩⅢ传至光杠Ⅺ，然后经蜗轮蜗杆副 $\frac{1}{40}$、轴Ⅻ和齿轮 $z35$，传动轴ⅩⅢ上的空套齿轮 $z33$ 旋转。当离合器 M_2 接合时，运动经齿轮副 $\frac{33}{65}$、离合器 M_2、齿轮副 $\frac{32}{75}$ 传至轴ⅩⅤ上的齿轮 $z13$。该齿轮与固定在床身上的齿条（$m=2$ mm）啮合，当 $z13$ 在齿条上滚转时，便驱动刀架作纵向进给运动，这是普通车削时的纵向进给传动路线。当离合器 M_3 接合时，运动由齿轮 $z33$ 经离合器 M_3、齿轮副 $\frac{46}{20}$ 传至横向进给丝杠ⅩⅥ（$P=4$ mm），通过丝杠螺母机构使刀架获得横向进给运动。运动传动路线表达式为

$$\text{Ⅳ（主轴）} - \begin{bmatrix} \frac{40}{32} \times \frac{32}{40} \\ \frac{40}{40} \end{bmatrix} - \text{Ⅵ} - \frac{a}{b} \cdot \frac{c}{d} - \text{Ⅶ} - \begin{bmatrix} \frac{21}{84} \\ \frac{35}{70} \\ \frac{70}{35} \end{bmatrix} - \text{Ⅷ} - M_1 - \text{Ⅺ} - \frac{1}{40} - \text{Ⅻ} - \frac{35}{33} \begin{bmatrix} \frac{33}{65} - M_2 - \frac{32}{75} - \text{ⅩⅤ} - z_{13} - \text{齿条（纵向）} \\ M_3 - \frac{46}{20} - \text{ⅩⅥ} - \text{丝杠（横向）} \end{bmatrix}$$

由于传动系统图是用平面图形来反映立体的机床传动结构，有时不得不把一根轴画成折断线或弯曲成一定角度的折线；有时把相互啮合的传动副分开，而用虚线或大括号连接已表示它们的传动联系，如图 1-9 所示中轴ⅩⅢ上齿轮 $z46$ 与轴ⅩⅥ上齿轮 $z20$ 就是用虚线连接以表示两者是啮合的。注意到这些特殊表示方法，对读懂传动系统图是有帮助的。

2. 机床的调整计算

机床的调整计算通常有两种情况：一种是根据传动系统图提供的有关数据，确定某些执

行件的运动速度或位移量;另一种是根据执行件所需的运动速度、位移量,或有关执行件之间所需保持的运动关系,确定相应传动链中换置机构(通常为挂轮变速机构)的传动比,以便进行必要调整。

机床调整计算按每一传动链分别进行,其一般步骤如下。

(1) 确定传动链的两端件,如电动机—主轴,主轴—刀架等。

(2) 根据传动链两端件的运动关系,确定它们的计算位移,即在指定的同一时间间隔内两端件的位移量。例如,主运动传动链的计算位移为:电动机转速 $n_电$(单位为 r/min),主轴转速 $n_主$(单位为 r/min);车床螺纹进给传动链的计算位移为:主轴转 1 圈,刀架移动工件螺纹 1 个导程 P_h(单位为 mm)。

(3) 根据计算位移以及相应传动链中各个顺序排列的传动副传动比,列出运动平衡式。

(4) 根据运动平衡式,计算出执行件的运动速度(转速、进给量等)或位移量,或者整理出换置机构的换置公式,然后按加工条件确定挂轮变速机构所需采用的配换齿轮齿数,或确定对其他变速机构的调整要求。

例 1.3 根据图 1-9 所示车削螺纹的进给传动,确定交换齿轮变速机构的置换公式。

(1) 传动链两端件:主轴—刀架。

(2) 计算位移:主轴转 1 圈,刀架移动 P_h(P_h 是工件螺纹导程,单位为 mm)。

(3) 运动平衡式为 $1 \times \dfrac{40}{40} \times \dfrac{a}{b} \times \dfrac{c}{d} \times \dfrac{35}{70} \times \dfrac{42}{63} \times 6 = P_h$,式中,$a$、$b$、$c$ 为交换齿轮的齿数。

(4) 换置公式:将运动平衡式化简整理,得出交换齿轮变速机构的换置公式为

$$u_x = \frac{a}{b} \times \frac{c}{d} = \frac{P_h}{2}$$

将选择车削的工件螺纹导程的数值带入换置公式,便可计算出交换齿轮变速机构的传动比及各交换齿轮的齿数。例如,$P_h = 4$ mm,则

$$u_x = \frac{a}{b} \times \frac{c}{d} = \frac{4}{2} = \frac{40}{30} \times \frac{60}{40}$$

即交换齿轮的齿数为:$a = 40$,$b = 30$,$c = 60$,$d = 40$。

例 1.4 分析图 1-10 所示万能升降台铣床的主运动传动系统,并按照图示齿轮的啮合位置,计算主轴的转速。

在万能升降台铣床上,主运动传动链的两端件是主电动机(7.5 kW,1 440 r/min)和主轴 V。由图 1-10 可知,电动机的运动经弹性联轴器传给轴 I,然后经轴 I—II 之间的定比齿轮副 26/54 以及轴 II—III、III—IV 和 IV—V 之间的 3 个滑移齿轮变速机构,带动主轴旋转,并使其获得 $3 \times 3 \times 2 = 18$ 级不同的转速。主轴的开、停及变向均由电动机实现,主运动传动链的传动路线表达式为

$$\text{电动机} — \text{I} — \frac{26}{54} — \text{II} — \begin{bmatrix} \dfrac{16}{39} \\ \dfrac{19}{36} \\ \dfrac{22}{33} \end{bmatrix} — \text{III} — \begin{bmatrix} \dfrac{18}{47} \\ \dfrac{28}{37} \\ \dfrac{39}{26} \end{bmatrix} — \text{IV} — \begin{bmatrix} \dfrac{19}{71} \\ \dfrac{82}{38} \end{bmatrix} — \text{V(主轴)}$$

根据图示齿轮啮合位置,可以得出主轴的转速为

$$n_{主} = 1\,440 \times \frac{26}{54} \times \frac{16}{39} \times \frac{18}{47} \times \frac{19}{71} \approx 30 \text{ r/min}。$$

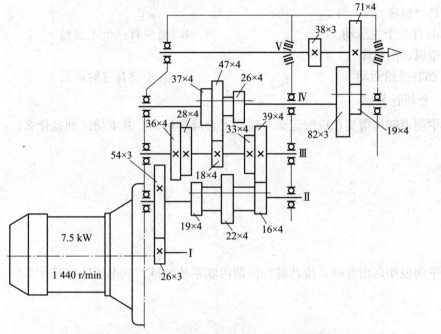

图 1-10 万能升降台铣床的主运动传动系统图

思考与练习

一、填空题

1. 在机床加工零件的过程中,工件、刀具之一或两者同时按一定规律运动,形成两条（　　），从而形成（　　）。

2. 常用表面成形方法有：（　　）、（　　）、（　　）、（　　）4种。

3. 在机床上加工零件时,为获得所需表面,（　　）与（　　）之间作相对运动,既要形成母线,又要形成导线,于是形成这两条发生线所需（　　）,就是形成该表面所需要的运动。

4. 机床的运动由（　　）、（　　）组成。前者又可分（　　）和（　　）,后者可分为空行程运动、（　　）、（　　）、操纵及控制运动等。

5. 传动链可以分为（　　）和（　　）两类。前者不要求动力源和执行件之间有严格的（　　）关系,后者所联系的执行件之间必须具有严格的（　　）。

二、选择题

1. 切削过程中的主运动有（　　）个。
   A. 1   B. 2   C. >1

2. 一传动系统中,电动机经V带副带动轴Ⅰ,轴Ⅰ通过一对双联滑移齿轮副传至轴Ⅱ,轴Ⅱ与轴Ⅲ之间为三联滑移齿轮副传动,轴Ⅲ可以获得（　　）种不同的转速。

A. 6 　　　　　　　　　　　　　　B. 5

3. 外联系传动链是联系（　　）和（　　）之间的传动链。
   A. 电动机　执行件　　B. 动力源　执行件　　C. 执行件　执行件

4. 每台机床（　　）。
   A. 只有一个主运动　　　　　　　　B. 至少有一个主运动

5. 金属切削机床（　　）。
   A. 都有进给运动　　　　　　　　　B. 有些没有进给运动

三、分析计算题

1. 举例说明何谓简单成形运动？何谓复合成形运动？其本质区别是什么？

2. 举例说明何谓外联系传动链？何谓内联系传动链？其本质区别是什么？

3. 切削加工时，零件的表面是如何形成的？发生线的成形方法有几种？各是什么？

4. 举例说明什么叫表面成形运动、分度运动、切入运动和辅助运动？

5. 使用简图分析用下列加工方法加工所需表面时的成形方法，并说明机床运动的形式、性质和数量。

（1）用成形车刀车削外圆锥面。

（2）用尖头车刀纵、横向同时进给车外圆锥面。

（3）用钻头钻孔。

（4）用成形铣刀铣直齿圆柱齿轮。

6. 分析图 1-11 所示传动系统图，列出其传动链，并求主轴 V 有几级转速，其中最高转速和最低转速各为多少？

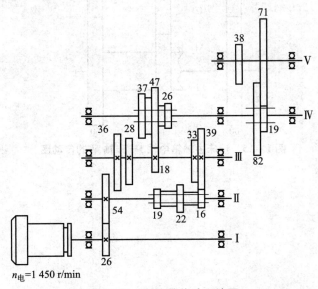

图 1-11 题 6 的传动系统图

7. 根据图 1-12 所示的传动系统图，计算传动链末端螺母移动速度的种数及最大移动速度。

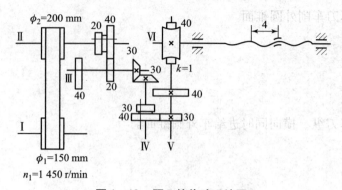

图 1-12　题 7 的传动系统图

8. 图 1-13 所示为一镗床主轴箱中轴Ⅳ和轴Ⅴ的传动图。试分析当离合器 M_1 和 M_2 处于不同开合情况下，运动由轴Ⅳ传至轴Ⅴ的传动中线，并列式计算其传动比。

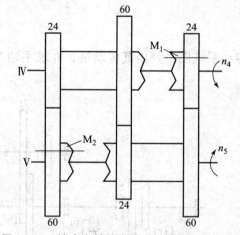

图 1-13　镗床主轴箱中轴Ⅳ和轴Ⅴ的传动图

9. 根据图1-14所示传动系统图回答下列问题。

（1）写出传动路线表达式。

（2）分析主轴的转速级数。

（3）计算主轴的最高最低转速。

注：图1-14（a）中M_1为齿轮式离合器。

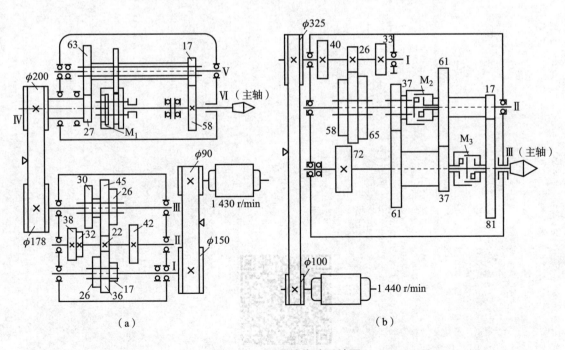

图1-14 题9的传动系统图

10. 根据图 1-15 所示的传动系统图，试计算：

（1）轴 A 的转速（r/min）；

（2）轴 A 转 1 圈时，轴 B 转过的转数；

（3）轴 B 转 1 圈时，螺母 C 移动的距离。

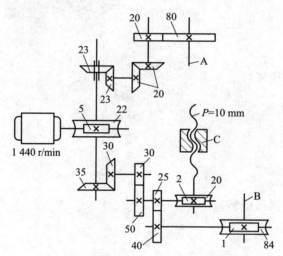

图 1-15　题 10 的传动系统图

思考与练习答案

项目二 卧式车床

学习目标

(1) 掌握卧式车床的基本知识。
(2) 了解卧式车床的各种类型及加工方法。
(3) 认识车床典型部件,会操作普通卧式车床。
(4) 学会分析 CA6140 型卧式车床的传动系统及典型结构。

任务描述

图 2-1 所示为一个典型的轴类零件,它由一些外圆柱面、圆锥面(倒角)和平面组成,并有尺寸精度和表面粗糙度要求。那么怎样才能获得这些表面?需要哪些运动?需要用什么机床、刀具、夹具和量具?怎样把它装在机床上?精度怎样?这些都是生产加工中选择机床的重要问题。

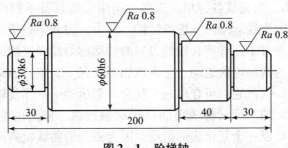

图 2-1 阶梯轴

相关知识

一、CA6140 型卧式车床的组成

1. 概述

1) 车床的用途及使用的刀具

(1) 车床的用途。车床主要用来加工各种回转表面,如内外圆柱面、圆锥表面、回转体成形面、环形槽、回转体的端面及螺纹,还可以进行钻孔、扩孔、铰孔、滚花等加工。在一般机器制造厂中,车床的应用极为广泛,在机床中所占的比例最大,约占机床总台数的 20%~35%,其中又以卧式车床的应用最为广泛。CA6140 型卧式车床是我国生产的一种典型卧式车床。

(2) 车床上使用的刀具。车床上使用的刀具主要是各种车刀，也可以是钻头、扩孔钻、铰刀、丝锥、板牙等孔加工刀具和螺纹刀具。

2) 车床的运动

为了加工出所要求的工件表面，必须使刀具和工件实现一系列的相对运动。

(1) 表面成形运动。

① 工件的旋转运动是车床的主运动，其转速较高，消耗机床功率的主要部分。

② 刀具的移动是车床的进给运动。车圆柱表面时，刀具作平行于工件旋转轴线的纵向进给运动；车端面时，刀具作垂直于工件旋转轴线的横向进给运动；车圆锥表面时，刀具作与工件旋转轴线倾斜一定角度的斜向进给运动；车成形回转表面时，刀具作曲线运动。进给量 f 以主轴每转刀具的移动量计算，单位为 mm/r。进给运动的速度较低，所消耗的功率也较少。

车削螺纹时，只有一个复合成形运动：螺旋轨迹运动。它可分解为两部分：主轴的旋转、刀具的移动。

(2) 辅助运动。为了将毛坯加工到所需要的尺寸，车床还应具有切入运动。切入运动通常与进给运动方向相垂直，在车床上由工人用人工或快速移动的方式移动刀架来完成。

重型机床还具有尾座的机动快速移动功能。

3) 工艺范围

卧式车床的工艺范围很广，能进行多种表面的加工，如内外圆柱面、圆锥面、环槽、成形回转面、端平面和各种螺纹等，还可以进行钻孔、扩孔、铰孔和滚花等工作，如图 2-2 所示是卧式车床所能加工的典型表面。

由图 2-2 可以看出，为完成各种加工工序，车床必须具备下列成形运动：工件的旋转运动——主运动；刀具的直线运动——进给运动。其中，刀具平行于工件旋转轴线方向的移动称为纵向进给运动；垂直于工件旋转轴线方向的移动称为横向进给运动；与工件旋转轴线成一定角度方向的移动为斜向进给运动。在多数加工情况下，工件的旋转和刀具移动之间必须保持严格的运动关系，因此它们组合成一个复合成形运动——螺旋轨迹运动，习惯上常称为螺纹进给运动。另外，加工回转体成形面（包括通过纵、横向进给加工圆锥面）时，纵向和横向进给运动也组合成一个复合成形运动，因为刀具的曲线轨迹运动是依靠纵向和横向两个进给运动之间保证严格运动关系实现的。

2. 车床的分类

车床的种类很多，除了卧式车床外，按其用途和结构的不同，还有仪表车床、落地车床、转塔车床、回轮车床、立式车床、自动车床、半自动车床、曲轴及凸轮车床、铲齿车床等。

1) 转塔车床

图 2-3 (a) 为一台转塔车床。它除有一个前刀架 3 外，还有一个转塔刀架 4（可绕垂直轴线转位）。前刀架的组成和运动同卧式车床的刀架相同，既可纵向进给车外圆，也可以横向进给加工端面和沟槽。转塔刀架只能作纵向进给运动，它一般为六角形，可在 6 个面上安装一把或一组刀具 [见图 2-3 (b)]。为了在刀架上安装各种刀具以及进行多刀切削，需采用各种辅助工具。转塔刀架用于车削内外圆柱面，钻、扩、铰和镗孔，攻丝和套丝等，前刀架和转塔刀架各由一个溜板箱来控制它们的运动。转塔刀架设有定程机构，加工过程中当刀架到达预先调定的位置时，可自动停止进给或快速返回原位。

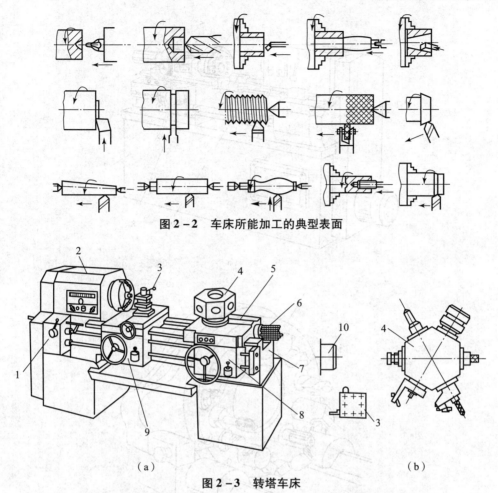

图 2-2 车床所能加工的典型表面

图 2-3 转塔车床

1—进给箱；2—主轴箱；3—前刀架；4—转塔刀架；5—纵向溜板；6—定程机构；
7—床身；8—转塔刀架溜板箱；9—前刀架溜板箱；10—主轴。

在转塔车床上加工工件时，需根据工件的加工工艺过程，预先将所用的全部刀具装在刀架上，每把（组）刀具只用于完成某一特定工步，并根据工件的加工尺寸调整好位置。同时，还需相应地调整定程机构，以便控制刀具的行程终点位置。机床调整妥当后，只需接通刀架的进给运动，以及工作行程终了时将其退回，便可获得所需要的加工尺寸。在加工过程中，每完成一个工步，刀架转位一次，将下一组所需使用的刀具转到加工位置，以进行下一工步。

2) 回轮车床

回轮车床如图 2-4 所示。在回轮车床上没有前刀架，只有一个可绕水平轴线转位的圆盘形回轮刀架，其回转轴线与主轴轴线平行。回轮刀架沿端面圆周分布有 12 个或 16 个安装刀具用的孔，每个刀具孔转到上面最高位置时，其轴线与主轴轴线在同一直线上。回轮刀架可沿床身上的导轨作纵向进给运动，进行车内圆柱面、钻孔、扩孔、铰孔和加工螺纹等工序；还可以绕自身轴线缓慢旋转，实现横向进给运动，以便进行切槽、车成形面或切断等加工。这种车床加工工件时，除采用复合刀夹进行多刀切削外，还常常利用装在相邻刀孔中的几个单刀刀夹同时进行切削。

与卧式车床比较，在转塔、回轮车床上加工工件主要有以下特点。

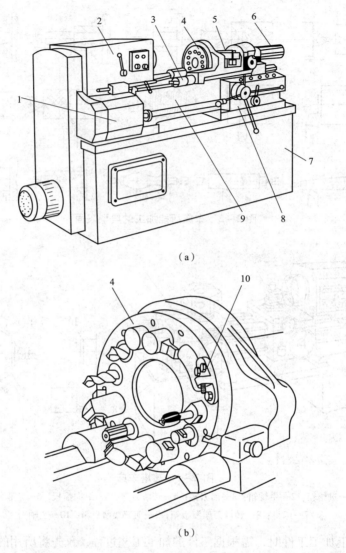

图2-4 回轮车床

1—进给箱；2—主轴箱；3—刚性纵向定程机构；4—回轮刀架；5—纵向刀架溜板；
6—纵向定程机构；7—底座；8—溜板箱；9—床身；10—横向定程机构。

(1) 转塔或回轮刀架上可安装很多刀具，加工过程中不需要装卸刀具便能完成复杂的加工工序。利用刀架转位来转换刀具，迅速方便，缩短了辅助时间。

(2) 每把刀具只用于完成某一特定工步，可进行合理调整，实现多刀同时切削，缩短机动时间。

(3) 由预先调整好的刀具位置来保证工件的加工尺寸，并利用可调整的定程机构控制刀具的行程长度，在加工过程中不需要对刀、试切和测量。

(4) 通常采用各种快速夹头以代替普通卡盘，如棒料常用弹簧夹头，铸、锻件用气动或液压卡盘装夹；加工棒料时，还采用专门的送料机构，送夹料迅速方便。

由上述特点可知，用回轮、转塔车床加工工件，可缩短机动时间和辅助时间，生产率较高。但是，回轮、转塔车床上预先调整刀具和定程机构需要花费较多的时间，不适于单件小批生产,而在大批大量生产中,则应采用生产率更高的自动和半自动车床。因此它只适用于成批生产中加工尺寸不大且形状复杂的工件。

3) 立式车床

立式车床主要用于加工径向尺寸大而轴向尺寸相对较小,且形状比较复杂的大型或重型零件。立式车床是汽轮机、水轮机、重型电动机、矿山冶金等重型机械制造厂不可缺少的加工设备,在一般机械制造厂中使用也很普遍。立式车床的主要特点是主轴立式布置,并有一个直径很大的圆形工作台,供安装工件之用;工作台台面处于水平位置,因而笨重工件的装夹和找正比较方便。由于工件和工作台的重量主要由床身导轨所承受,大大减轻了主轴及其轴承的负荷,因此较易保证加工的精度。

立式车床分单柱式和双柱式两种。单柱式立式车床只用于加工直径一般小于1 600 mm的工件;双柱式立式车床加工工件直径一般大于2 000 mm。

单柱式立式车床具有一个箱形立柱,与底座固定地联成一个整体,构成机床的支承骨架[如图2-5(a)所示]。工作台装在底座的环形导轨上,工件安装在它的台面上,由它带动绕垂直轴线旋转,完成主运动。在立柱的垂直导轨上装有横梁和侧刀架,在横梁的水平导轨装有一个垂直刀架。垂直刀架可沿横梁导轨移动作横向进给运动,以及沿刀架滑座的导轨移动作纵向进给运动。刀架滑座可左右扳转一定角度,以便刀架作斜向进给运动。因此,垂直刀架可用来完成车内外圆柱面、内外圆锥面,切端面,以及切沟槽等工序。在垂直刀架上通常带有一个五角形的转塔刀架,它除了可安装各种车刀以完成上述工序外,还可安装各种孔加工刀具,以进行钻、扩、铰等工序。侧刀架可以完成车外圆柱面、切端面、切沟槽和倒角等工序。垂直刀架和侧刀架的进给运动或者由主运动传动链传来,或者由装在进给箱上的单独电动机传动。两个刀架在进给运动方向上都能做快速调位移动,以完成快速趋近、快速退回和调整位置等辅助运动,横梁连同垂直刀架一起,可沿立柱导轨上下移动,以适应加工不同高度工件的需要。横梁移至所需位置后,可手动或自动夹紧在立柱上。

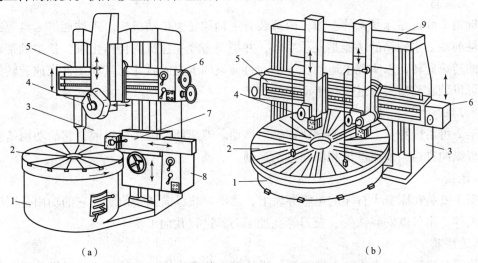

图2-5 立式车床外形

1—底座;2—工作台;3—立柱;4—垂直刀架;5—横梁;6—垂直刀架进给箱;
7—侧刀架;8—侧刀架进给箱;9—顶梁。

双柱式立式车床具有两个立柱［如图 2-5（b）所示］，它们通过底座和上面的顶梁连成一个封闭式框架。横梁上通常装有两个垂直刀架，中等尺寸的立式车床上，其中一个刀架往往带有转塔刀架。双柱式立式车床有一个侧刀架，装在右立柱的垂直导轨上。大尺寸的立式车床一般不带有侧刀架。

3. CA6140 型卧式车床的组成

CA6140 型卧式车床的主参数——床身上最大工件回转直径为 400 mm，第二主参数——最大加工长度有 750、1 000、1 500、2 000 mm 4 种。CA6140 型卧式车床外形如图 2-6 所示。机床的主要组成部件及其功用如下。

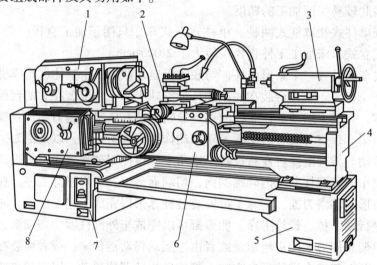

图 2-6　CA6140 型卧式车床外形
1—主轴箱；2—刀架；3—尾座；4—床身；5、7—床腿；6—溜板箱；8—进给箱。

1）主轴箱

主轴箱 1 固定在床身 4 的左边，内部装有主轴和变速传动机构。工件通过卡盘等夹具装夹在主轴前端。主轴箱的功能是支承主轴，并把动力经变速机构传给主轴，使主轴带动工件按规定的转速旋转，以实现主运动。主轴通过前端的卡盘或者花盘带动工件完成旋转作主运动，也可以装在前顶尖通过拨盘带动工件旋转。

2）刀架

刀架 2 可沿床身 4 上的刀架导轨作纵向移动。刀架部件由几层组成，它的功用是装夹车刀，实现纵向进给、横向进给和斜向进给运动。

3）尾座

尾座 3 安装在床身 4 右端的尾座导轨上，可沿导轨纵向调整位置。它的功用是用后顶尖支承长工件，也可以安装钻头、铰刀等孔加工刀具进行孔加工。

4）进给箱

进给箱 8 固定在床身 4 的左端前侧。进给箱内装有进给运动的传动及操纵装置，改变进给量的大小、改变所加工螺纹的种类及导程。

5）床身

床身 4 固定在左右床腿 7 和 5 上。床身上安装着机床的各部件，并保证它们之间具有要求的相互准确位置。床身上面有纵向进给运动导轨和尾座纵向调整移动的导轨。

6) 溜板箱

溜板箱 6 与刀架 2 的最下层纵向溜板相连,与刀架一起作纵向移动,功用是把进给箱传来的运动传给刀架,使刀架实现纵向和横向进给运动,或快速移动,或车削螺纹。溜板箱上装有各种操作手柄和按钮。

二、CA6140 型卧式车床的传动系统

CA6140 型卧式车床的传动系统图如图 2-7 所示。整个传动系统由主运动传动链、车螺纹传动链、纵向进给传动链、横向进给传动链及快速移动传动链组成。

1. 主运动传动链

主运动传动链的两端件是电动机与主轴,它的功能是把动力源的运动及动力传给主轴,使主轴带动工件旋转,并满足卧式车床主轴变速和换向的要求。

(1) 两端件:电动机—主轴。

(2) 计算位移:所谓计算位移,是指传动链首末件之间相对运动量的对应关系。CA6140 型卧式车床的主运动传动链是一条外联系传动链,电动机与主轴各自转动时运动量的关系为各自的转速,即 1 450 r/min(主电动机)—n r/min(主轴)。

(3) 传动路线表达式为

$$\text{电动机}(7.5\text{ kW},1\,450\text{ r/min}) - \frac{\phi 130}{\phi 230} - \text{I} - \begin{bmatrix} M_1(\text{左})_{\text{正转}} - \begin{bmatrix} \frac{56}{38} \\ \frac{51}{43} \end{bmatrix} \\ M_1(\text{右})_{\text{反转}} - \frac{50}{34} - \text{VIII} - \frac{34}{30} \end{bmatrix} - \text{II} - \begin{bmatrix} \frac{39}{41} \\ \frac{30}{50} \\ \frac{22}{58} \end{bmatrix} - \text{III} -$$

$$- \begin{bmatrix} \begin{bmatrix} \frac{20}{80} \\ \frac{50}{50} \end{bmatrix} - \text{IV} - \begin{bmatrix} \frac{20}{80} \\ \frac{51}{50} \end{bmatrix} - \text{V} - \frac{26}{58} - M_2 \\ - \frac{63}{50} \end{bmatrix} - \text{VI}(\text{主轴})$$

主运动由电动机(7.5 kW,1 450 r/min)经 V 带传动轴 I 而输入主轴箱。轴 I 上安装有双向多片式摩擦离合器 M_1,以控制主轴的起动、停转及旋转方向。M_1 左边摩擦片结合时,空套的 $z51$、$z56$ 双联齿轮与轴 I 一起转动,通过两对齿轮副 $\frac{56}{38}$、$\frac{51}{43}$ 带动轴 II 实现主轴正转。右边摩擦片结合时,由 $z50$ 与轴 I 一起转动,$z50$ 通过轴 VII 的 $z34$ 带动轴 II 上的 $z30$ 实现主轴反转。当两边摩擦片都脱开时,则轴 I 空转,此时主轴静止不动。轴 II 的运动通过轴 II—III 之间的三对传动副 $\frac{39}{41}$、$\frac{22}{58}$、$\frac{30}{50}$ 带动轴 III。轴 III 的运动可由两种传动路线传至主轴,当主轴(轴 VI)的滑移齿轮 $z50$ 处于左边位置时,轴 III 的运动直接由齿轮 $z63$ 传至与主轴用花键连

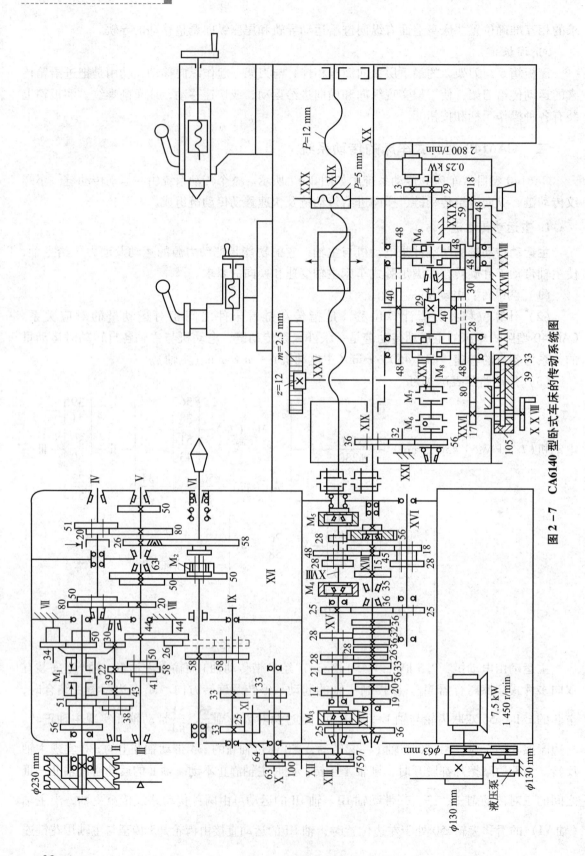

图2-7 CA6140型卧式车床的传动系统图

接的滑移齿轮 $z50$，从而带动主轴以高速旋转；当主轴（轴Ⅵ）的滑移齿轮 $z50$ 右移，脱开与轴Ⅲ上齿轮 $z63$ 的啮合，并通过其内齿轮与主轴上齿轮 $z58$ 左端齿轮啮合（即 M_2 结合）时，轴Ⅲ的运动经轴Ⅲ—Ⅳ间及轴Ⅳ—Ⅴ间两组双联滑移齿轮变速机构传至轴Ⅴ，再经齿轮副 $\frac{26}{58}$ 使主轴获得中、低转速。

（4）主轴转速级数。由传动系统图和传动路线表达式可以看出，主轴正转时，适用各滑动齿轮轴向位置的各种不同组合，主轴共可得 $2 \times 3 \times (1 + 2 \times 2) = 30$ 种转速，但由于轴Ⅲ—Ⅴ间的四种传动比为

$$u_1 = \frac{50}{50} \times \frac{51}{50} \approx 1 \qquad u_2 = \frac{50}{50} \times \frac{20}{80} = \frac{1}{4}$$

$$u_3 = \frac{20}{80} \times \frac{51}{50} \approx \frac{1}{4} \qquad u_4 = \frac{20}{80} \times \frac{20}{80} = \frac{1}{16}$$

其中 $u_2 \approx u_3$，轴Ⅲ—Ⅴ间只有 3 种不同传动比，故主轴正转的实际级数为 $2 \times 3 \times (2 \times 2 - 1) = 18$，加上经齿轮副 $\frac{63}{50}$ 直接传动时的 6 级转速，主轴共可获得 24 级正转转速。

同理可以算出主轴的反转转速级数为 $3 \times (1 + 3) = 12$ 级。

（5）运动平衡式。主运动的运动平衡式为

$$n_\text{主} = 1\,450 \times \frac{130}{230} \times (1 - \varepsilon) \times u_{Ⅰ-Ⅱ} \times u_{Ⅱ-Ⅲ} \times u_{Ⅲ-Ⅵ}$$

式中：$n_\text{主}$——主轴转速，r/mm；

ε——V 带传动的滑动系数，近似取 $\varepsilon = 0.02$；

$u_{Ⅰ-Ⅱ}$、$u_{Ⅱ-Ⅲ}$、$u_{Ⅲ-Ⅵ}$——分别为轴Ⅰ—Ⅱ、Ⅱ—Ⅲ、Ⅲ—Ⅵ间的传动比。

主轴各级转速的数值，可根据主运动传动路线表达式列出运动平衡式求出。例如，主轴的最低转速为

$$n_{\min} = 1\,450 \times \frac{130}{230} \times (1 - 0.02) \times \frac{51}{43} \times \frac{22}{58} \times \frac{20}{80} \times \frac{20}{80} \times \frac{26}{58} \approx 10 \text{ r/min}$$

主轴的最高转速为

$$n_{\max} = 1\,450 \times \frac{130}{230} \times (1 - 0.02) \times \frac{56}{38} \times \frac{39}{41} \times \frac{63}{50} \approx 1\,400 \text{ r/min}$$

主轴反转通常不用于切削，而是用于车螺纹，在完成一次车削后使车刀沿螺纹线退回，防止下一次车削时发生乱扣现象。为了节省退回时间，主轴反转的转速比较高。

2. 车螺纹进给传动链

CA6140 型卧式车床可车削米制、英制、模数制和径节制四种标准螺纹；另外还可以加工扩大导程螺纹、非标准和较精密的螺纹；这些螺纹可以是左旋的，也可以是右旋的。

1）车削米制螺纹

米制螺纹是应用最广泛的一种螺纹，在加工螺纹时，应满足主轴带动工件旋转一圈，刀架带动刀具轴向进给所加工螺纹的一个导程。国家标准规定了米制螺纹的标准导程，表 2-1 列出了 CA6140 型卧式车床能车制的常用导程值。

表 2-1 米制螺纹的标准导程　　　　　　　　　　　　（单位：mm）

$u_{倍}$	$u_{基}$							
	$\frac{26}{28}$	$\frac{28}{28}$	$\frac{32}{28}$	$\frac{36}{28}$	$\frac{19}{14}$	$\frac{20}{14}$	$\frac{33}{21}$	$\frac{36}{21}$
$\frac{18}{45} \times \frac{15}{48} = \frac{1}{8}$	—	—	1	—	—	1.25	—	1.5
$\frac{28}{35} \times \frac{15}{48} = \frac{1}{4}$	—	1.75	2	2.25	—	2.5	—	3
$\frac{18}{45} \times \frac{35}{28} = \frac{1}{2}$	—	3.5	4	4.5	—	5	5.5	6
$\frac{28}{35} \times \frac{35}{28} = 1$	—	7	8	9	—	10	11	12

从表 2-1 中可以看出，每一行的导程组成等差数列，行与行之间，即列成等比数列，在车削米制螺纹的传动链中设置的换置器应能将标准螺纹加工出来，并且满足传动链尽量简便的要求。

（1）两端件：主轴—刀架（丝杠）。

（2）计算位移：主轴转一圈—刀架移动所加工螺纹的一个导程 L。

（3）传动路线表达式如下。车削米制螺纹时，进给箱中离合器 M_3、M_4 脱开，M_5 结合（参见图 2-7）。运动由主轴 Ⅵ 经齿轮副 $\frac{58}{58}$ 至轴 Ⅸ，再经 $\frac{33}{33}$ 或者 $\frac{33}{25} \times \frac{25}{33}$ 传至轴 Ⅹ，其中 $\frac{33}{33}$ 加工右旋螺纹，$\frac{33}{25} \times \frac{25}{33}$ 用来加工左旋螺纹，由轴 Ⅸ、轴 Ⅺ 和轴 Ⅹ 及轴上传动装置组成的传动机构称为三星轮换向机构，所谓换向是指变换所加工螺纹的旋向。轴 Ⅹ 经 $\frac{63}{100} \times \frac{100}{75}$ 传至轴 ⅩⅢ，M_3 脱开由齿轮副 $\frac{25}{36}$ 传到轴 ⅩⅣ，由轴 ⅩⅣ 经齿轮副 $\frac{19}{14}$、$\frac{20}{14}$、$\frac{36}{21}$、$\frac{33}{21}$、$\frac{26}{28}$、$\frac{28}{28}$、$\frac{36}{28}$、$\frac{32}{28}$ 传至轴 ⅩⅤ，由轴 ⅩⅣ、轴 ⅩⅤ 及轴上传动装置组成的传动机构称为双轴滑移变速机构，其传动比若从小到大写出为

$$u_{基1} = \frac{26}{28} = \frac{6.5}{7},\ u_{基2} = \frac{28}{287} = \frac{7}{7},\ u_{基3} = \frac{32}{28} = \frac{8}{7},\ u_{基4} = \frac{36}{28} = \frac{9}{7}$$

$$u_{基5} = \frac{19}{14} = \frac{9.5}{7},\ u_{基6} = \frac{20}{14} = \frac{10}{7},\ u_{基7} = \frac{33}{21} = \frac{11}{7},\ u_{基8} = \frac{36}{21} = \frac{12}{7}$$

若不考虑 $\frac{6.5}{7}$ 和 $\frac{9.5}{7}$，其余的 6 个传动比组成一个等差数列，是获得螺纹导程的基本机构，称为基本组，其传动比用 $u_{基}$ 表示。

运动由轴 ⅩⅤ 经 $\frac{25}{36} \times \frac{36}{25}$ 传至轴 ⅩⅥ，由轴 ⅩⅥ 经 $\frac{18}{45}$、$\frac{28}{35}$ 传至轴 ⅩⅦ，又经 $\frac{15}{48}$、$\frac{35}{28}$ 传至轴 ⅩⅧ。由轴 ⅩⅥ、ⅩⅦ 和 ⅩⅧ 及轴上传动装置组成的机构称为三轴滑移变速机构，其传动比为

$$u_{倍1} = \frac{18}{45} \times \frac{15}{48} = \frac{1}{8},\ u_{倍2} = \frac{28}{35} \times \frac{15}{48} = \frac{1}{4}$$

$$u_{倍3} = \frac{18}{45} \times \frac{15}{28} = \frac{1}{2}, \quad u_{倍4} = \frac{28}{35} \times \frac{35}{28} = 1$$

其值组成等比数列，公比为2，用来配合基本组，扩大车削螺纹的螺距值大小，故其称为增倍机构或增倍组，其传动比值用 $u_{倍}$ 表示。其传动路线表达式为

$$\text{VI（主轴）} - \frac{58}{58} - \text{IX} - \begin{bmatrix} \frac{33}{33} \\ (\text{右旋螺纹}) \\ \frac{33}{25} \times \frac{25}{33} \\ (\text{左旋螺纹}) \end{bmatrix} - \text{XI} - \frac{63}{100} \times \frac{100}{75} - \text{XII} - \frac{25}{36} - \text{XIII} - u_{基} -$$

$$\text{XIV} - \frac{25}{36} \times \frac{36}{25} - \text{XV} - u_{倍} - \text{XVII} - M_5 - \text{XVIII（丝杠）} - 刀架$$

（4）运动平衡式表述如下。主轴转1圈，刀架移动 L mm，则运动平衡式为

$$L = kP = 1_{主轴} \times \frac{58}{58} \times \frac{33}{33} \times \frac{63}{100} \times \frac{100}{75} \times \frac{25}{36} \times u_{基} \times \frac{25}{36} \times \frac{36}{25} \times u_{倍} \times 12$$

式中：L——螺纹导程，mm；

P——螺纹螺距，mm；

k——螺纹头数；

$u_{基}$——轴 XIII—XIV 间基本螺距机构的传动比；

$u_{倍}$——轴 XV—XVII 间增倍机构传动比。

将上式化简后可得

$$L = 7 u_{基} u_{倍}$$

该式称为 CA6140 型卧式车床加工米制螺纹的置换公式。可见，适当地选择 $u_{基}$ 和 $u_{倍}$ 的值，就可得到被加工螺纹的各种导程 L 值。

例 2.1 欲在 CA6140 型卧式车床上加工一左旋米制螺纹，其螺纹的螺距 $P = 1.75$ mm，螺纹线数 $n = 2$，问能否加工？若能加工，其 $u_{基}$、$u_{倍}$ 各为多少，并写出加工此螺纹时主轴至刀架的具体传动路线。

解： 将螺距 $P = 1.75$，线数 $n = 2$ 转换成被加工螺纹的导程，即

$$L = P \times n = 1.75 \times 2 = 3.5 \text{ mm}$$

根据换置公式 $L = 7 u_{基} u_{倍}$（mm），看是否可取到合适的 $u_{基}$、$u_{倍}$ 使等式成立，若能，说明螺纹能加工，若不能，则说明不能加工。

若取 $u_{基} = \frac{7}{7} = \frac{28}{28}$，$u_{倍} = \frac{1}{2} = \frac{18}{45} \times \frac{35}{28}$ 代入公式 $L = 7 u_{基} u_{倍}$，得到：$L = 7 \times \frac{7}{7} \times \frac{1}{2} = 3.5$ mm，等式两边相等，说明此螺纹能在 CA6140 型卧式车床上加工。因此在 CA6140 型卧式车床上加工此螺纹时，主轴至刀架的具体传动路线表达式为

$$\text{VI（主轴）} - \frac{58}{58} - \text{IX} - \frac{33}{25} \times \frac{25}{33} - \text{XI} - \frac{63}{100} \times \frac{100}{75} - \text{XII} - \frac{25}{36} - \text{XIII} - \frac{28}{28} - \text{XIV} -$$

$$\frac{25}{36} \times \frac{36}{25} - \text{XV} - \frac{18}{45} \times \frac{35}{28} - \text{XVII} - M_{5合} - \text{XVIII（丝杠）} - 刀架$$

（5）扩大导程路线加工米制螺纹。由加工米制螺纹的换置公式可知，在 CA6140 型卧式车床上用正常路线加工米制螺纹的最大导程是 12 mm。当需要车削导程大于 12 mm 的螺纹

时，可将轴Ⅸ上的滑移齿轮 $z58$ 向右滑移，使之与轴Ⅷ上的齿轮 $z26$ 啮合。这是一条扩大导程的传动路线，轴Ⅵ（主轴）与刀架之间的传动路线表达式为

$$\text{Ⅵ（主轴）}-\begin{bmatrix}\text{（扩大导程）}\dfrac{58}{26}\text{—Ⅴ}-\dfrac{80}{20}\text{—Ⅳ}-\begin{bmatrix}\dfrac{50}{50}\\[4pt]\dfrac{80}{20}\end{bmatrix}\text{—Ⅲ}-\dfrac{44}{44}\times\dfrac{26}{58}\\[6pt]\text{（正常导程）}-\dfrac{58}{58}-\end{bmatrix}-\text{Ⅸ}-\text{（接正常导程传动路线）}$$

从传动路线表达式可知，扩大螺纹导程时，主轴Ⅵ到轴Ⅸ的传动比有如下几种情况。

当主轴转速为 40～125 r/min 时，有

$$u_{\text{扩}1}=\dfrac{58}{26}\times\dfrac{80}{20}\times\dfrac{50}{50}\times\dfrac{44}{44}\times\dfrac{26}{58}=4$$

当主轴转速为 10～32 r/min 时，有

$$u_{\text{扩}2}=\dfrac{58}{26}\times\dfrac{80}{20}\times\dfrac{80}{20}\times\dfrac{44}{44}\times\dfrac{26}{58}=16$$

正常螺纹导程时，主轴Ⅵ到轴Ⅸ的传动比为

$$u=\dfrac{58}{58}=1$$

所以，通过扩大导程传动路线可将正常螺纹导程扩大 4 倍或 16 倍。CA6140 型卧式车床车削大导程米制螺纹时，最大螺纹导程为 192 mm。

需要说明的是，用扩大导程路线加工螺纹时，其扩大路线主轴Ⅵ至轴Ⅸ间所经过的Ⅴ—Ⅳ—Ⅲ这段路线是主运动传动路线的一部分。也就是说，主轴经过Ⅲ—Ⅳ—Ⅴ传动，当加工扩大导程螺纹时，主轴只能低速转动。

2）车削模数螺纹

模数螺纹主要用于车削米制蜗杆，有时某些特殊丝杠的导程也是模数制的。模数螺纹用模数 m 表示导程的大小。米制螺纹的齿距为 km，所以模数螺纹的导程为 $L_m=k\pi m$，这里 k 为螺纹的头数。

加工模数制螺纹时的计算位移为：主轴一圈—刀架移动一个导程即 L_m（mm）。

由于模数制螺纹标准的导程值与米制螺纹的标准导程值规律相同，所以采用的传动路线相同。但是模数制螺纹的导程中含有特别因子 π，所以在车削模数螺纹时，只要将挂轮改用 $\dfrac{64}{100}\times\dfrac{100}{97}$ 即可。其运动平衡式为

$$L_m=k\pi m=1\times\dfrac{58}{58}\times\dfrac{33}{33}\times\dfrac{64}{100}\times\dfrac{100}{97}\times\dfrac{25}{36}\times u_{\text{基}}\times\dfrac{25}{36}\times\dfrac{36}{25}\times u_{\text{倍}}\times12$$

式中：L_m——模数螺纹导程，mm；

m——模数螺纹的模数值，mm；

k——螺纹头数。

将 $\dfrac{64}{100}\times\dfrac{100}{97}\times\dfrac{25}{36}\approx\dfrac{7\pi}{48}$ 代入化简后得

$$L_m = k\pi m = \frac{7\pi}{4} u_{基} u_{倍}$$

$$m = \frac{7}{4k} u_{基} u_{倍}$$

上式为加工模数制螺纹的换置公式，改变 $u_{基}$ 与 $u_{倍}$ 就可以加工出一系列标准的模数制螺纹。

3）车削英制螺纹

英制螺纹在采用英制的国家如英国、美国和加拿大等应用较广泛。我国的部分管螺纹目前也采用英制螺纹。

英制螺纹以每英寸长度上螺纹牙数 α 来表示，α 的单位为：牙/in。标准的 α 值也是一个分段的等差数列，段与段之间成等比数列。由于 CA6140 型卧式车床的丝杠是米制螺纹，被加工的英制螺纹也应换算成以毫米为单位的相应导程值，即加工英制螺纹时，英制螺纹螺距为

$$L_\alpha = \frac{1}{\alpha} = \frac{25.4}{\alpha}$$

英制螺纹传动链的计算位移为：主轴转一圈，刀架移动螺纹的一个导程。因为 α 为分段等差数列，则 $1/\alpha$ 英寸就是一个分段的调和数列。段与段之间成等比，而且公比为 2。将英制螺纹的导程与米制螺纹比较，须对米制螺纹传动路线作如下调整才能满足加工英制螺纹的要求。

（1）改变传动链中部分传动副的传动比，使其中包含特殊因子 25.4。

（2）将基本组两轴的主、被动关系对调，以便使分母为等差级数。其余部分的传动路线与车削米制螺纹时相同，即传动比变成为 $\frac{7}{6.5}$、$\frac{7}{7}$、$\frac{7}{8}$、$\frac{7}{9}$、$\frac{7}{9.5}$、$\frac{7}{10}$、$\frac{7}{11}$、$\frac{7}{12}$；除 $\frac{7}{6.5}$ 和 $\frac{7}{9.5}$ 之外，就成为一个调和数列，从而满足加工 L_α 的要求。由此可知，加工英制螺纹的传动路线为：由轴Ⅵ（主轴）到轴Ⅻ与米制螺纹传动路线相同。进入进给箱后，M_3 结合，轴Ⅻ的运动传至轴ⅩⅣ上，轴ⅩⅣ经 $\frac{1}{u_{基}}$ 将运动传至轴ⅩⅢ，轴ⅩⅤ左边的滑移齿轮 $z25$ 向左滑移至与轴ⅩⅢ的固定齿轮 $z36$ 啮合，用 $\frac{36}{25}$ 使轴ⅩⅢ 传至轴ⅩⅤ，由轴ⅩⅤ至刀架与米制螺纹传动路线相同。其运动平衡式为

$$L_\alpha = 1_{(主轴)} \times \frac{58}{58} \times \frac{33}{33} \times \frac{63}{100} \times \frac{100}{75} \times \frac{1}{u_{基}} \times \frac{36}{25} \times u_{倍} \times 12$$

将 $\frac{63}{100} \times \frac{100}{75} \times \frac{36}{25}$ 用 $\frac{25.4}{21}$ 代替（相对误差为 0.000 6），得

$$L_\alpha = \frac{4}{7} \times 25.4 \times \frac{u_{倍}}{u_{基}}$$

将上式与英制传动链的计算位移联立，得

$$\alpha = \frac{7}{4} \times \frac{u_{基}}{u_{倍}}$$

此式即为加工英制螺纹的换置公式。

在 CA6140 型卧式车床上改变 $u_{基}$ 和 $u_{倍}$，就可以加工标准的英制螺纹，同公制螺纹相同，若采用扩大导程的英制传动路线可加工较大导程的英制螺纹，也可以根据换置公式分析某一

给定英制螺纹能否在 CA6140 型卧式车床上加工和其能加工时的具体传动路线。

4）车削径节螺纹

径节螺纹主要用于同英制蜗轮相配合，即为英制蜗杆，其是以径节 DP（牙/in）来表示的。径节表示齿轮或蜗杆折算到 1 英寸分度圆直径上的齿数，即径节 $DP = \dfrac{z}{D}$（z 为齿数；D 为分度圆直径，单位为英寸），所以径节螺纹的导程为

$$L_{DP} = \frac{\pi}{DP} = \frac{25.4 k\pi}{DP}$$

径节 DP 也是按分段等差数列的规律排列的，所以径节螺纹与英制螺纹导程的排列规律相似，即分母是分段等差数列，且导程中含有 25.4 mm 的因子，所不同的只是多一特殊因子 π。因此，车削径节螺纹是在车削英制螺纹传动路线的基础上，将挂轮组更换为 $\dfrac{64}{100} \times \dfrac{100}{97}$，以引入特殊因子 π。车径节螺纹时的运动平衡式为

$$L_{DP} = 1 \times \frac{58}{58} \times \frac{33}{33} \times \frac{64}{100} \times \frac{100}{97} \times \frac{1}{u_{基}} \times \frac{36}{25} \times u_{倍} \times 12$$

化简得

$$DP = 7k \frac{u_{基}}{u_{倍}}$$

上式被称之为加工径节螺纹的换置方式，在 CA6140 型卧式车床上改变 $u_{基}$、$u_{倍}$ 的值，就可以加工常用的 24 种径节螺纹。

5）车削非标准螺纹

非标准螺纹指的是螺纹导程值按正常螺纹路线或者扩大导程路线均得不到。这时将螺纹进给传动路线中的挂轮用 $\dfrac{a}{b} \times \dfrac{c}{d}$ 替换；将离合器 M_3、M_4 和 M_5 全部接合，使轴 XII、轴 XIV、轴 XVII 和丝杠连成一体，则运动由挂轮直接传到丝杠。被加工螺纹的导程 L 依靠选配挂轮组的齿轮齿数来得到。由于主轴至丝杠的传动路线大为缩短，从而减少了传动累积误差，加工出具有较高精度的螺纹。运动平衡式为

$$L = 1 \times \frac{58}{58} \times \frac{33}{33} \times u_{挂} \times 12$$

式中：L——非标准螺纹的导程，mm。

$u_{挂}$——挂轮组传动比。

化简后得换置公式为

$$u_{挂} = \frac{a}{b} \times \frac{c}{d} = \frac{L}{12}$$

由此可知，CA6140 型卧式车床通过不同传动比的挂轮、基本组、增倍组，以及轴 XII 和轴 XV 上两个滑移齿轮 $z25$ 的移动（通常称这两滑移齿轮及有关的离合器为移换机构）加工出四种不同的标准螺纹及非标准螺纹。表 2-2 列出了 CA6140 型卧式车床加工各种螺纹时的工作调整。

表 2－2　CA6140 型卧式车床车制各种螺纹的工作调整

螺纹种类	导程/mm	挂轮机构	离合器状态	移换机构	基本组传动方向
米制螺纹	L	$\dfrac{63}{100} \times \dfrac{100}{75}$	M_5 接合 M_3、M_4 脱开	轴XII，$z25$（←） 轴XV，$z25$（→）	轴XIII→轴XIV
模数螺纹	$L_m = k\pi m$	$\dfrac{64}{100} \times \dfrac{100}{97}$			
英制螺纹	$L_a = \dfrac{25.4}{a}$	$\dfrac{63}{100} \times \dfrac{100}{75}$	M_3、M_5 接合 M_4 脱开	轴XII，$z25$（→） 轴XV，$z25$（←）	轴XIV→轴XIII
径节螺纹	$L_{DP} = \dfrac{25.4k\pi}{DP}$	$\dfrac{64}{100} \times \dfrac{100}{97}$			
非标准螺纹	L	$\dfrac{a}{b} \times \dfrac{c}{d}$	M_3、M_4、M_5 均接合	轴XII，$z25$（→）	—

3. 机动进给传动链

CA6140 型卧式车床作机动进给，主要是用来加工圆柱面和端面，为了减少螺纹传动链丝杠及开合螺母磨损，保证螺纹传动链的精度，机动进给传动链不用丝杠及开合螺母传动。其运动从主轴VI至进给箱轴XVII的传动路线与车削螺纹时的传动路线相同。轴XVII上的滑移齿轮 $z28$ 处于左位，使 M_5 脱开，从而切断进给箱与丝杠的联系。运动由齿轮副 $\dfrac{28}{56}$ 传至轴 XIX（光杠），又由 $\dfrac{36}{32} \times \dfrac{32}{56}$ 经由超越离合器 M_6、安全离合器 M_7 传至轴 XX（蜗杆轴），再经溜板箱中的传动机构，分别传至齿轮齿条机构和横向进给丝杠（轴XXVII），使刀架作纵向或横向机动进给运动。其传动路线表达式为

$$\text{VI}（\text{主轴}）—（\text{经由螺纹传动路线}）—\text{XVII}—M_5(\text{脱开})—\dfrac{28}{56}—\text{XIX}—\dfrac{36}{32} \times \dfrac{32}{56}—M_6—M_7—\text{XX}—$$

$$\dfrac{4}{29}—\text{XXI}—\begin{bmatrix} M_8 \uparrow \text{合}—\dfrac{40}{48} \\ M_8 \text{中停} \\ M_8 \downarrow \text{合}—\dfrac{40}{30} \times \dfrac{30}{48} \end{bmatrix}—\text{XXII}—\dfrac{28}{80}—\text{XXIII}—\dfrac{\text{齿轮}}{\text{齿条}}\binom{z=12}{m=2\cdot 5}—\text{刀架纵向移动}$$

$$\begin{bmatrix} M_9 \uparrow \text{合}—\dfrac{40}{48} \\ M_9 \text{中停} \\ M_9 \downarrow \text{合}—\dfrac{40}{30} \times \dfrac{30}{48} \end{bmatrix}—\text{XXV}—\dfrac{48}{48} \times \dfrac{59}{18}—\text{XXVII}—\dfrac{\text{横向丝杠}}{\text{螺母}}(P=5\ \text{mm})—\text{刀架横向移动}$$

溜板箱中的双向牙嵌式离合器 M_8、M_9 和齿轮传副组成的两个换向机构，分别用于变换纵向和横向进给运动的方向。利用进给箱中的基本螺距机构和增倍机构，以及进给传动链的不同传动路线，可获得纵向和横向进给量各 64 种。以下以纵向进给传动为例，介绍不同的传动路线时进给量的计算。

（1）当进给运动经车削米制螺纹正常螺距的传动路线时，其运动平衡式为

$$f_纵 = 1 \times \frac{58}{58} \times \frac{33}{33} \times \frac{63}{100} \times \frac{100}{75} \times \frac{25}{36} \times u_基 \times \frac{25}{36} \times \frac{36}{25} \times u_倍 \times \frac{28}{56} \times \frac{36}{32}$$

$$\times \frac{32}{56} \times \frac{4}{29} \times \frac{40}{48} \times \frac{28}{80} \times \pi \times 2.5 \times 12$$

式中：$f_纵$——纵向进给量，mm/r。

化简后得

$$f_纵 = 0.71 u_基 u_倍$$

通过该传动路线，可得到 0.88～1.22 mm/r 的 32 种正常进给量。

（2）当进给运动经车削英制螺纹正常螺距的传动路线时，其运动平衡式为

$$f_纵 = 1 \times \frac{58}{58} \times \frac{33}{33} \times \frac{63}{100} \times \frac{100}{75} \times \frac{1}{u_基} \times \frac{36}{25} \times u_倍 \times \frac{28}{56} \times \frac{36}{32} \times \frac{32}{56} \times \frac{4}{29} \times \frac{40}{48} \times \frac{28}{80} \times \pi \times 2.5 \times 12$$

化简后得

$$f_纵 = 1.474 \frac{u_倍}{u_基}$$

在 $u_倍 = 1$ 时，可得 0.86～1.58 mm/r 的 8 种较大进给量，$u_倍$ 为其他值时，所得进给量与上述米制螺纹路线所得进给量重复。纵向机动进给量 $f_纵$ 的大小及相应传动机构的传动比见表2-3。

表 2-3 纵向机动进给量 $f_纵$　　　　　　　　　　　　　（单位：mm/r）

传动路线类型	细进给量	正常进给量				较大进给量	加大进给量			
							4	16	4	16
$u_基$					$u_倍$					
	1/8	1/8	1/4	1/2	1	1	1/2	1/8	1	1/4
26/28	0.028	0.08	0.16	0.33	0.66	1.59	3.16		6.33	
28/28	0.032	0.09	0.18	0.36	0.71	1.47	2.93		5.87	
32/28	0.036	0.10	0.20	0.41	0.81	1.29	2.57		5.14	
36/28	0.039	0.11	0.23	0.46	0.91	1.15	2.28		4.56	
19/14	0.043	0.12	0.24	0.48	0.96	1.09	2.16		4.32	
20/14	0.046	0.13	0.26	0.51	1.02	1.03	2.05		4.11	
33/21	0.050	0.14	0.28	0.56	1.12	0.94	1.87		3.74	
36/21	0.054	0.15	0.30	0.61	1.22	0.86	1.71		3.42	

（3）当主轴以 10～125 r/min 低速旋转时，可通过扩大螺距机构及英制螺纹路线传动，从而得到进给量为 1.71～6.33 mm/r 的 16 种加大进给量，以满足低速、大进给量强力切削和精车的需要。

（4）当主轴以 450～1 400 r/min 高速旋转时（其中 500 r/min 除外）将轴Ⅸ上滑移齿轮

$z58$ 右移。主轴运动经齿轮副 $\frac{50}{63} \times \frac{44}{44} \times \frac{26}{58}$ 传至轴Ⅸ，再经米制螺纹路线传动（使用 $u_{倍} = \frac{1}{8}$），可得到 0.028～0.054 mm/r 的 8 种细进给量，以满足高速、小进给量精车的需要。

横向进给量同样可通过上述 4 种传动路线传动获得，只是以同样传动路线传动时，横向进给量为纵向进给量的一半。

4. 刀架的快速移动

刀架的快速移动是使刀具机动地快速退离或接近加工部位，以减轻工人的劳动强度和缩短辅助时间。当需要快速移动时，可按下快速移动按钮，装在溜板箱中的快速电动机（0.25 kW，2 800 r/min）的运动便经齿轮副传至轴ⅩⅩ，然后再经溜板箱中与机动进给相同的传动路线传至刀架，使其实现纵向和横向的快速移动。

为了节省辅助时间及简化操作，在刀架快速移动过程中光杠仍可继续传动，不必脱开进给传动链。这时，为了避免光杠和快速电动机同时传动轴ⅩⅩ而导致其损坏，在齿轮 $z56$ 及轴ⅩⅩ 之间装有超越离合器，即可避免二者发生的矛盾。

三、CA6140 型卧式车床的主要结构

1. 主轴箱

主轴箱主要由主轴部件、传动机构、开停与制动装置、操纵机构及润滑装置等组成。为了便于了解主轴箱内各传动装置的传动关系，传动装置的结构、形状、装配方式及其支承结构，主轴箱常采用展开图的形式表示。图 2 – 8 为 CA6140 型卧式车床主轴箱的展开图，它基本上按主轴箱内各传动轴的传动顺序，沿其轴线取剖切面，展开绘制而成，其剖切面的位置参见图 2 – 9。以下对主轴箱内主要部件的结构、工作原理及调整作简单介绍。

1）卸荷带轮

主电动机通过带传动使轴Ⅰ旋转，为提高轴Ⅰ旋转的平稳性，轴Ⅰ上的带轮采用了卸荷结构。如图 2 – 8 所示，带轮 1 通过螺钉与花键套筒 2 连成一体，支承在法兰 3 内的两个深沟球轴承上。法兰 3 则用螺钉固定在主轴箱体 4 上。当带轮 1 通过花键套筒 2 的内花键带动轴Ⅰ旋转时，传动带作用于带轮上的拉力经花键套筒 2 通过两个深沟球轴承经法兰 3 传至主轴箱体 4。从而使轴Ⅰ只受转矩，而免受径向力作用，减少轴Ⅰ的弯曲变形，从而提高传动的平稳性及传动件的使用寿命。人们把这种卸掉作用在轴Ⅰ上由传动带拉力产生的径向载荷的装置称为卸荷装置。

2）双向多片式摩擦离合器结构及工作原理

双向多片式摩擦离合器 M_1 装在轴Ⅰ上，其作用是控制主轴Ⅵ正转、反转或停止。制动器安装在轴Ⅳ上，当双向多片式摩擦离合器脱开时，用制动器进行制动，使主轴迅速停止运动，以便缩短辅助时间。

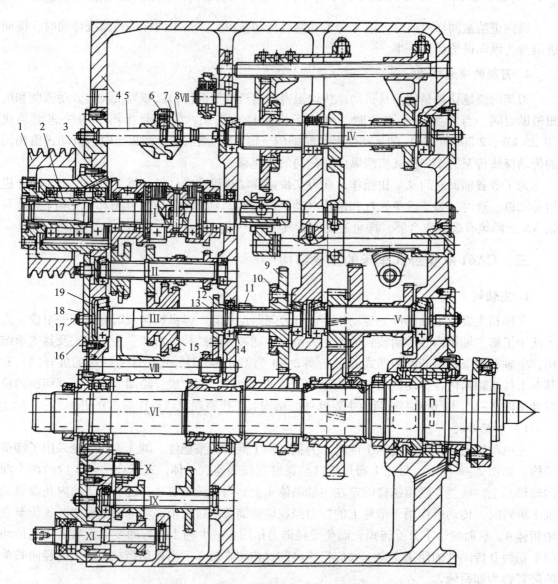

图2-8 CA6140型卧式车床主轴箱的展开图

1—带轮；2—花键套筒；3—法兰；4—主轴箱体；5—导向轴；6—调节螺钉；7—螺母；8—拨叉；9、10、11、12—齿轮；13—弹簧卡圈；14—垫圈；15—三联滑移齿轮；16—轴承盖；17—螺钉；18—锁紧螺母；19—压盖。

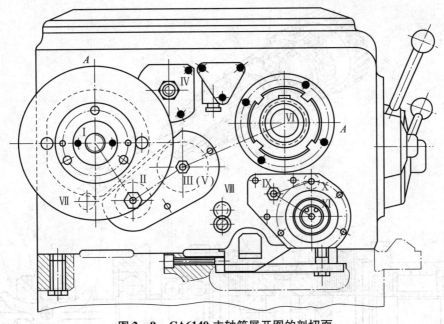

图 2-9 CA6140 主轴箱展开图的剖切面

双向多片式摩擦离合器的结构如图 2-10 所示,其分左离合器和右离合器两部分,左、右两部分的结构相似、工作原理相同。左离合器控制主轴正转,由于正转需传递的扭矩较大,所以摩擦片的片数较多。右离合器控制主轴反转、主要用于退刀,传递的扭矩较小,摩擦片的片数较少。图 2-10 (a) 表示的是左离合器的立体图,它是由外摩擦片 2、内摩擦片 3、压套 8、螺母 9、止推片 10 和 11 及双联空套齿轮 1 等组成。内摩擦片 3 装在轴 I 的花键上,与轴 I 一起旋转。外摩擦片 2 以其 4 个凸齿装入空套双联齿轮 1 (用两个深沟球轴承支承在轴 I 上)的缺口中,多个外摩擦片 2 和内摩擦片 3 相间安装。当用操纵机构拨动滑套13 移至右边位置时,滑套将羊角形摆块 6 的右角压下,由于羊角形摆块是用销轴 12 装在轴 I 上,则羊角形摆块就绕销轴作顺时针摆动,其弧形尾部推动拉杆 7 向左,通过固定在拉杆左端的圆销 5,带动压套 8 和螺母 9 左移,将左离合器内、外摩擦片压紧在止推片 10 和 11 上,通过摩擦片间的摩擦力,使轴 I 和双联空套齿轮连接,于是经多级齿轮副带动主轴正转。当用操纵机构拨动滑套 13 移至左边位置时,压套 8 右移,将右离合器的内、外摩擦片压紧,空套齿轮 14 与轴 I 联连接,主轴实现反转。滑套处于中间位置时,左、右离合器的摩擦片均松开,主轴停止转动。

双向多片式摩擦离合器还可起过载保护作用。当机床超载时,摩擦片打滑,于是主轴停止转动,从而避免损坏机床零部件。摩擦片之间的压紧力是根据离合器应传递的额定扭矩来确定的。当摩擦片磨损后压紧力减小时可通过压套 8 上的螺母 9 来调整。压下弹簧销 4 (见图 2-10 (b) 中 B—B 剖面),转动螺母 9 使其作小量轴向位移,即可调节摩擦片间的压紧力,从而改变离合器传递扭矩的能力。调整妥当后弹簧销复位,插入螺母槽口中,使螺母在运转中不会自行松开。

金属切削机床概论

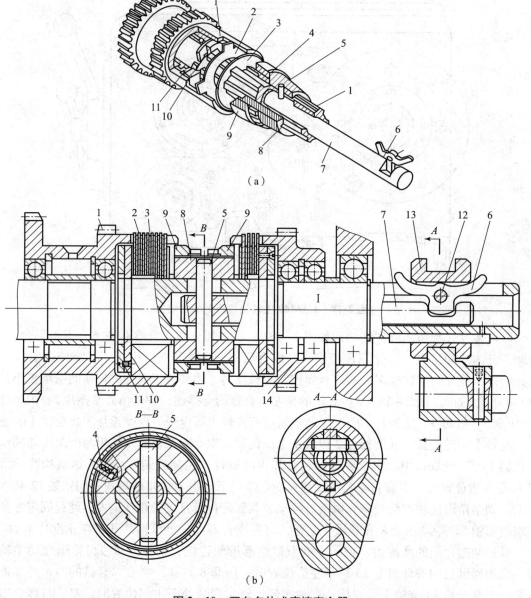

图 2-10 双向多片式摩擦离合器

1—双联空套齿轮；2—外摩擦片；3—内摩擦片；4—弹簧销；5—圆销；6—羊角形摆块；
7—拉杆；8—压套；9—螺母；10、11—止推片；12—销轴；13—滑套；14—空套齿轮。

3）双向多片式摩擦离合器的操纵机构

如图 2-11 所示，双向多片式摩擦离合器由手柄 7 操纵，手柄 7 向上扳绕支承轴 8 逆时针摆动，拉杆 10 向外，曲柄 11 带动齿轮 13 做顺时针转动（由上向下观察），齿条轴 14 向右移动，带动拨叉 15 及滑套 4 右移，滑套 4 向右移动，迫使元宝形摆块 3 绕其装在轴 I 上的销轴顺时针摆动，其下端的凸缘向左推动装在轴 I 孔中的拉杆 16 向右移动，双向多片式摩擦离合器的右离合器接通，实现主轴正转。同理，将手柄 7 扳至下端位置时，右离合器压紧，主轴反转。当手柄 7 处于中间位置时，离合器脱开，主轴停止转动。为了操纵方便，支承轴 8 上装有两个手柄 7，分别位于进给箱的右侧和滑板箱的右侧。

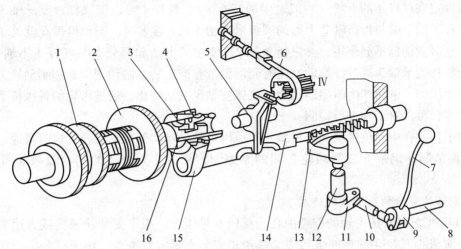

图 2-11 双向多片式摩擦离合器的操纵机构

1—双联齿轮；2—齿轮；3—元宝形摆块；4—滑套；5—杠杆；6—制动带；7—手柄；8—支承轴；9、11—曲柄；10、16—拉杆；12—轴；13—扇形齿轮；14—齿条轴；15—拨叉

4）制动装置

如图 2-12 所示，制动装置是由制动轮 7、制动钢带 6、杠杆 4、齿条轴 2 和调节螺钉 5 组成。制动轮 7 是一个用钢做成的圆盘，通过花键的连接作用与轴连接在一起，制动钢带 6 是一个具有一定柔性的钢制带，它的内表面上一般铆有一层钢丝石棉，主要用于提高制动钢带和制动轮之间的摩擦阻力。

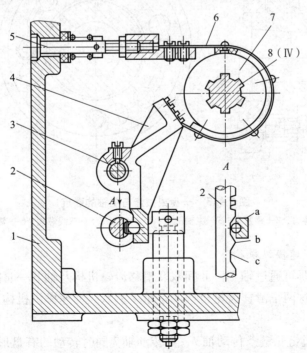

图 2-12 制动装置

1—主轴箱体；2—齿条轴；3—杠杆支承轴；4—杠杆；5—调节螺钉；6—制动钢带；7—制动轮；8—轴Ⅳ

制动钢带安装在制动轮 7 上，它的一端通过调节螺钉 5 与主轴箱体 1 连接在一起，而它的另一端固定在杠杆 4 的上端（一般也用铆钉连接），杠杆 4 可以围绕杠杆支承轴 3 进行摆动，当杠杆 4 的下端与齿条轴 2 上面的圆弧形凹槽 a 或 c 接触时，制动钢带 6 就处于自然放松状态，这时制动器不起作用；操纵齿条轴 2，使它的上凸起部分 b 与杠杆 4 下端接触时，杠杆围绕杠杆支承轴 3 逆时针摆动，这时制动钢带 6 被拉紧，制动钢带 6 和制动轮 7 之间消除间隙产生压力，进而产生摩擦制动力，快速使轴Ⅳ制动停止，通过齿轮的各级传动，最后使主轴暂停，可以对工件进行检测。

如果手柄放在中间位置制动效果差，则原因可能是制动钢带 6 变松，这时可通过调整螺钉 5，来调节制动钢带 6 和制动轮 7 间的摩擦力，从而达到合适的制动效果（可以自行分析）。

5）主轴端部结构及卡盘的连接

CA6140 型卧式车床主轴的前端内孔为莫氏 6 号锥度，用于安装前顶尖或者用来安装心轴。主轴前端的 7°7′30″的短外锥和法兰盘用于安装卡盘或者拨盘，用于径向定心和轴向定位。法兰盘的端面上装有圆形端面键用于传递扭矩。安装时，使装在拨盘或卡盘座 4 上的 4 个双线螺栓 5 及其螺母 6 穿过主轴法兰及环形锁紧盘 2 的圆柱孔。然后将锁紧盘 2 转过一个角度，使双线螺栓 5 处于锁紧盘的窄槽内，并拧紧螺钉 1 和螺母 6，如图 2-13 所示。这种结构装卸快捷，工作可靠，定心精度高，主轴悬伸长度较短，有利于提高主轴组件的刚度。

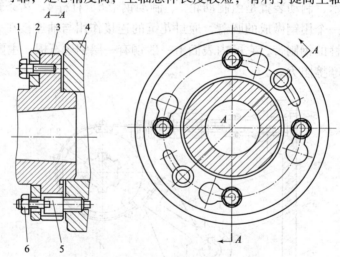

图 2-13　卡盘或拨盘与主轴的联接

1—螺钉；2—锁紧盘；3—主轴法兰；4—卡盘座；5—双线螺栓；6—螺母。

6）单手柄六级变速操纵机构

主轴箱内轴Ⅱ—Ⅲ可通过轴Ⅰ—Ⅱ间双联滑移齿轮机构及轴Ⅱ—Ⅲ间三联滑移齿轮机构得到六级转速。控制这两个滑移齿轮机构的是单手柄六级变速操纵机构，其结构及工作原理如图 2-14 所示。

转动手柄 9，通过链轮链条传动轴 7，与传动轴 7 同时转动的有盘形凸轮 6 及曲柄 5。手柄轴和传动轴 7 的传动比为 1∶1，所以手柄旋转一周，盘形凸轮 6 和拨销 4 也均转过 1 周。盘形凸轮 6 上的封闭曲线槽由半径不同的两段圆弧和过渡直线组成，杠杆 11 上端有一销子

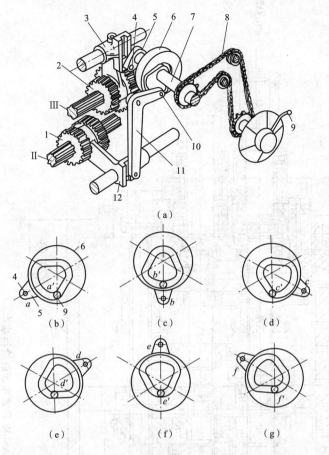

图 2-14 单手柄六级变速操纵机构的结构及工作原理
1—双联滑移齿轮；2—三联滑移齿轮；3、12—拨叉；4—拨销；5—曲柄；
6—盘形凸轮；7—传动轴；8—链条；9—手柄；10—销子；11—杠杆。

10 插入盘形凸轮 6 的曲线槽内，下端也有一销子插入拨叉 12 的槽内。当盘形凸轮大半径圆弧槽转至销子 10 处时［见图 2-14（b）（c）（d）］，销子向下移动，同时带动杠杆 11 顺时针转动，从而使轴Ⅱ上的双联滑移齿轮在左位；当盘形凸轮小半径圆弧槽转至销子 10 处时［见图 2-14（e）（f）（g）］，销子向上移动，杠杆 11 逆时针旋转，轴Ⅱ上的双联滑移齿轮在右位。曲柄 5 上的拨销 4 上装有滚子，并嵌入拨叉 3 的槽内。传动轴 7 带动曲柄 5 旋转时，拨销 4 绕传动轴 7 转动，并通过拨叉 3 使轴Ⅲ上的三联滑移齿轮 2 有左、中、右 3 个不同位置。每次转动手柄 60°，就可通过双联滑移齿轮两个位置与三联滑移齿轮的 3 个位置的组合，得到轴Ⅲ的六级转速。

2. 进给箱

进给箱的功用是变换被加工螺纹的种类和导程，以及获得所需的各种机动进给量。图 2-15 是 CA6140 型卧式车床进给箱结构。其中轴Ⅻ、ⅩⅣ、ⅩⅦ和ⅩⅧ四轴同心，轴ⅩⅢ、ⅩⅥ和ⅩⅨ三轴同心。进给箱内有 3 套操纵机构，1 套操纵机构用于操纵基本组ⅩⅣ轴上的 4 个滑移齿轮，另外 2 套操纵机构分别为增倍组操纵机构和螺纹种类变换及光杠、丝杠运动分配操纵机构。这里重点分析基本组操纵机构。

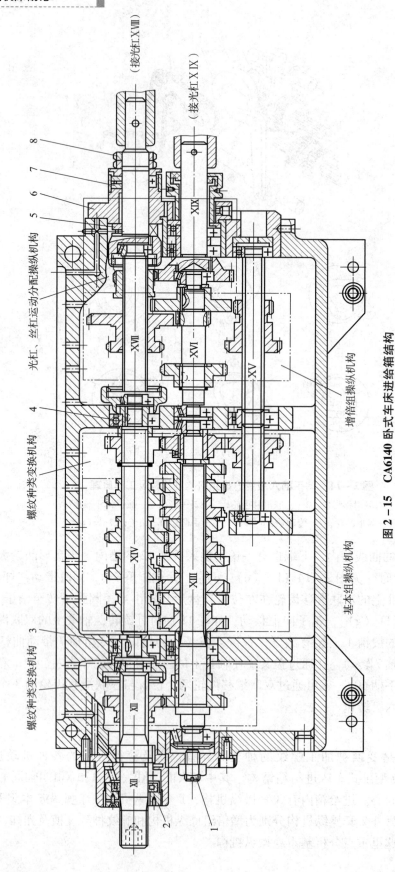

图 2-15 CA6140 卧式车床进给箱结构

1—调节螺钉；2—调整螺母；3、4—深沟球轴承；5、7—推力球轴承；6—支承套；8—双螺母。

基本组操纵机构工作原理见图 2-16，它是用来操纵 XIV 轴上的 4 个滑移齿轮，在任何一时刻保证最多只有 4 个滑移齿轮中的 1 个齿轮与 8 个固定齿轮中的 1 个齿轮相啮合，由图 2-16 可以看出，基本组 XIV 轴的 4 个滑移齿轮分别由 4 个拨叉 3 来拨动，每个拨叉的位置是由各自的销子 5 分别通过杠杆 4 来控制的。4 个销子 5 均匀地分布在操纵手轮 6 背面的环形槽 E 中，环形槽中有两个相隔 45°的孔 a 和 b，孔中分别安装带斜面的内压块 1 和外压块 2，其中内压块 1 的斜面向外斜，外压块 2 的斜面向里斜。这种操纵机构就是利用压块 1、2 和环形槽 E 操纵销子 5 及杠杆 4，使每个拨叉 3 及其滑动齿轮可以有左、中、右 3 种位置。在同一工作时间内基本组中只能有一对齿轮啮合。

操纵手轮 6 在圆周上有 8 个均布位置，当它处于图 2-16 所示位置时，只有左上角杠杆的销子 $5'$ 在外压块 2 的作用下靠在孔 b 的内侧壁上，此时滑移齿轮 $z28$（左）处于左端位置与轴 XIV 上的齿轮 $z26$ 啮合（注意图 2-16 的视图是在操纵手轮的背面观察，文中的左右是站在手轮前面面对机床来观察），其余 3 个销子均处于环形槽 E 中，其相应的滑移齿轮都处于各自的中间（空档）位置。此时，若将手轮拨出并逆时针转动 45°，这时孔 a 正对左上角杠杆的销子 $5'$，将手轮重新推入，这时孔 a 中内压块 1 的斜面推动销 $5'$ 向外，使左上角杠杆向顺时针方向摆动，于是便将相应的滑移齿轮 $z28$ 推向右端与 XIII 轴上的齿轮 $z28$ 相啮合（面对着机床观察）。

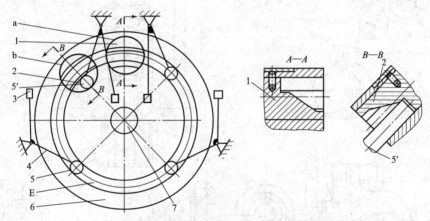

图 2-16 进给箱基本组操纵机构工作原理图

1—内压块；2—外压块；3—拨叉；4—杠杆；5—销子；6—操纵手轮。

3. 溜板箱

溜板箱的作用是将丝杠或光杠传来的旋转运动转变为直线运动并带动刀架进给，控制刀架运动的接通、断开和换向，手动操纵刀架移动和实现快速移动，机床过载时控制刀架自动停止进给等。CA6140 型卧式车床的溜板箱是由以下几部分机构组成：接通、断开和转换的纵、横向机动进给操纵机构；接通丝杠传动的开合螺母操纵机构；保证机床工作安全的互锁机构；保证机床工作安全的过载保护机构；实现刀架快慢速自动转换的超越离合器等。下面将介绍主要机构的结构、工作原理及有关调整。

1) 开合螺母操纵机构

如图 2-17（a）所示，开合螺母由上、下两个半螺母 5 和 4 组成，它们分别装在溜板箱箱体后壁的燕尾导轨中。上、下半螺母的背面各装有一圆柱销 6，其伸出一端分别插在圆盘 7 的两条曲线槽中［见图 2-17（b）］。扳动手柄 1 经轴 2 使圆盘 7 逆时针转动，曲线槽迫使两圆柱销 6 互相靠近，带动上、下半螺母合拢，与丝杠啮合，刀架便由丝杠螺母经溜板箱传动进给；扳动手柄 1 使圆盘 7 顺时针转动，曲线槽通过圆销使两半螺母相互分离，与丝杠脱开啮合，刀架停止进给。

利用螺钉 10 可调整开合螺母的开合量，即调整开合螺母合上后与丝杠之间的间隙。拧动螺钉 10 ［见图 2-17（c）］，可调整销钉 9 相对下螺母的伸出长度，从而限定上、下两个半螺母合上时的位置，以调整丝杠与螺母间的间隙。用螺钉 12 经平镶条 8 可调整开合螺母与燕尾导轨间的间隙 ［见图 2-17（d）］。

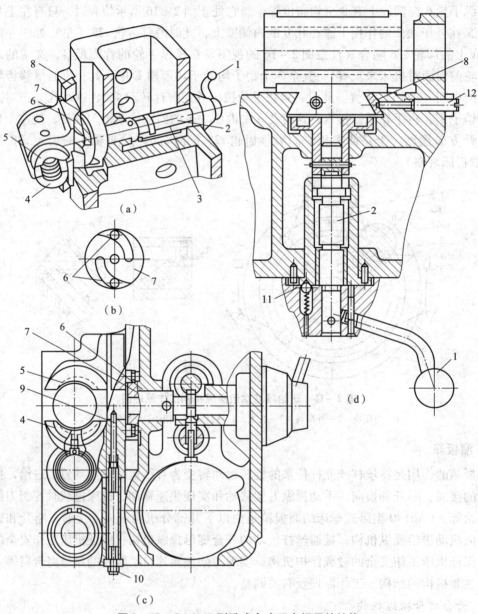

图 2-17　CA6140 型卧式车床开合螺母的结构

1—手柄；2—轴；3—支承套；4—下半螺母；5—上半螺母；6—圆柱销；7—圆盘；
8—平镶条；9—销钉；10、12—螺钉；11—定位钢球。

2）纵、横向机动进给操纵机构

图 2-18 为纵、横向机动进给操纵机构。纵、横向机动进给的接通、断开和换向由一个手柄集中操纵。手柄 1 通过销轴 2 与轴向固定的轴 23 相连接。向前或向后扳动手柄 1 时，轴 23 转动，其上的凸轮 22 也随之转动，从而通过凸轮上的曲线槽带动杠杆 20 摆动，圆柱销 18 通过拨叉轴 10 带动拨叉 17 及离合器 M_9 一起沿轴 XXV 移动，从而接通横向机动进给，使刀架向前或向后移动。

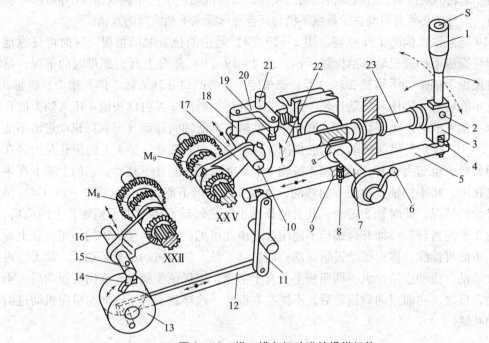

图 2-18 纵、横向机动进给操纵机构

1、6—手柄；2、21—销轴；3—手柄座；4、9—球头销；5、7、23—轴；8—弹簧销；10、15—拨叉轴；
11、20—杠杆；12—连杆；13、22—凸轮；14、18、19—圆柱销；16、17—拨叉。

手柄 1 的方形下端通过球头销 4 与轴 5 相连接，轴 5 只能轴向移动而不能转动。当向左或向右扳动手柄 1 时，手柄下端通过球头销 4 拨动轴 5 左右移动，然后经过杠杆 11、连杆 12，以及偏心销带动凸轮 13 转动。凸轮上的曲线槽通过圆柱销 14、轴 15 和拨叉 16，拨动离合器 M_8 与轴 XXII 上两个空套齿轮之一啮合，从而接通纵向机动进给，并使刀架向左或向右移动。

操纵手柄 1 的面板上开有十字槽，其纵、横向机动进给的扳动方向与刀架进给方向一致，给使用带来方便。手柄在中间位置时，两离合器均处于中间位置，机动进给断开。按下操纵手柄顶端的按钮 S，接通快速电动机，可使刀架按手柄扳动的位置确定的进给方向快速移动。由于超越离合器 M_6 的作用，即使机动进给不断开，也可使刀架快速移动，而不会发生运动干涉。

3）互锁机构

溜板箱内的互锁机构是为了保证纵、横向机动进给和车螺纹进给运动不同时接通，以免造成机床的损坏。

需要进一步说明机动进给操纵手柄与开合螺母操纵手柄之间为何需要互锁。当纵向机动进给时，溜板箱带动开合螺母移动，若开合螺母与丝杠啮合，此时会出现开合螺母要移动而丝杠不转动，从而产生运动干涉，造成机件损坏。故此时开合螺母操纵手柄处于锁死状态，开合螺母不能被合拢。另外，若丝杠旋转，通过开合螺母带动溜板箱移动时，轴ⅩⅩⅢ随溜板箱一起自然移动，则轴上的小齿轮 $z12$ 在齿条上滚动同时绕轴ⅩⅩⅢ转动，通过 $\dfrac{80}{28}$ 传动到轴ⅩⅩⅡ，此时若 M_8 啮合（即机动进给操纵手柄工作）就通过 $\dfrac{48}{40}$ 或者 $\dfrac{48}{30}\times\dfrac{30}{40}$ 带动轴ⅩⅩⅠ，轴ⅩⅩⅠ通过蜗轮传动蜗杆，造成蜗杆蜗轮的逆传动，造成其传动副的损坏，所以机动进给与车螺纹路线不但有 M_5 实现动力互锁，而且还必须有机动进给操纵手柄与开合螺母操纵手柄之间的互锁。

图2-19是互锁机构的工作原理。图2-19（a）是中间位置时的情况，这时可任意地扳动开合螺母操纵手柄或机动进给操纵手柄。图2-19（b）是合上开合螺母时的情况，这时开合螺母操纵手柄带动手柄轴2转过了一个角度，它的凸肩a转入轴5的长槽中，将轴5卡住，使它不能转动，即横向机动进给不能接通；同时，凸肩a又将球头销4压入轴1的孔中，由于球头销4的另一半仍留在支承套6中，使轴1不能轴向移动（即纵向机动进给不能接通）。图2-19（c）是纵向机动进给的情况，这时轴1向右移动，轴1上的圆孔及安装在圆孔内的弹簧销3也随之移开，球头销4被轴1的表面顶住不能往下移动，它的上端卡在手柄轴2的锥孔中，将手柄轴2锁住不能转动，所以开合螺母不能再闭合。图2-19（d）是横向机动进给的情况，此时轴5转动，其上的长槽也随之转动而不对准手柄轴2上的凸肩，于是手柄轴2不能再转动，即开合螺母不能闭合。由此可见，由于互锁机构的作用，合上开合螺母后，不能再接纵、横向机动进给运动；而接通了纵、横向机动进给运动后，就无法再接通车螺纹运动。机动进给操纵手柄面板上开有十字槽，以保证手柄向左或向右扳动后，不能前后扳动；反之，向前或向后扳动后，不能左右扳动。这样就实现了纵向与横向机动进给运动之间的互锁。

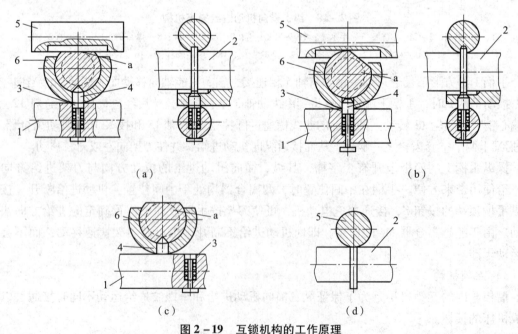

图2-19 互锁机构的工作原理

(a) 中间位置；(b) 合上开合螺母；(c) 纵向机动进给；(d) 横向机动进给

1、5—轴；2—手柄轴；3—弹簧销；4—球头销；6—支撑套。

4) 超越离合器

超越离合器的作用是实现同一轴运动的快、慢速自动转换。如图 2-20 中 A—A 剖面图所示，超越离合器由空套齿轮 6（它作为离合器的外壳）、星形体 5、3 个滚柱 8、顶销 13 和弹簧 14 组成。当刀架机动进给时，空套齿轮 6 逆时针方向旋转，在弹簧 14 及顶销 13 的作用下，使滚柱 8 挤向楔缝，并依靠滚柱 8 与空套齿轮 6 内孔孔壁间的摩擦力带动星形体 5 随同齿轮 6 一起转动，再经安全离合器 M_7 带动轴 XX 转动，实现机动进给。当快速电动机启动时，运动由齿轮副 $\frac{13}{29}$ 传至轴 XX，则星形体 5 由轴 XX 带动做逆时针方向的快速旋转，此时，在滚柱 8、空套齿轮 6 及星形体 5 之间的摩擦力和惯性力的作用下，使滚柱 8 压缩顶销而移向楔缝的大端，从而脱开空套齿轮 6 与星形体 5（即轴 XX）间的传动联系，空套齿轮 6 已不再为轴 XX 传递运动。轴 XX 是由快速电动机带动作快速转动，实现刀架快速运动。当快速电动机停止转动时，在弹簧及顶销和摩擦力的作用下，使滚柱 8 又瞬间嵌入楔缝，并楔紧于空套齿轮 6 和星形体之间，刀架立即恢复正常的机动进给运动。由此可见，超越离合器 M_6 可实现轴 XX 快、慢速运动的自动转换。

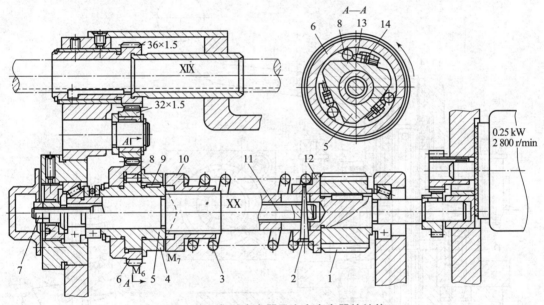

图 2-20 超越离合器及安全离合器的结构

1—蜗杆；2—圆柱销；3、14—弹簧；4—M_7 左半部；5—星形体；6—空套齿轮（M_6 外壳）；7—调整螺母；
8—滚柱；9—平键；10—M_7 右半部；11—拉杆；12—弹簧座；13—顶销。

5) 安全离合器

安全离合器是防止进给机构过载或发生偶然事故时机床部件的保护装置。在刀架机动进给过程中，如进给抗力过大或刀架移动受到阻碍时，安全离合器能自动断开轴的运动。如图 2-20 所示，安全离合器 M_7 由端面带螺旋齿爪的左半部 4 和右半部 10 组成，左半部 4 用平键 9 与超越离合器的星形体 5 连接，右半部 10 与轴用花键连接。正常工作情况下，通过弹簧 3 的作用，使离合器左、右两半部经常处于啮合状态，以传递由超越离合器星形体 5 传来的运动和转矩，并经花键传给轴。此时，安全离合器螺旋齿面上产生的轴向分力，由弹簧 3 平衡。当进给抗力过大或刀架移动受到阻碍时，通过安全离合器齿爪传递的转矩及产生的轴向分力将增大,当轴向分力大于弹簧3的作用力时,离合器的右半部10将压缩弹簧3而向右滑移,与左半部4脱开接合,安全离合器打滑,从而断开架的机动进给。过载现象排除后,弹簧3又将安全离合器自动接合,恢复正常的机动进给;调整螺母7通过轴承内孔中的拉杆11及圆柱销2调整弹簧座12的轴向位置,可以改变弹簧3的压缩量,以调整安全离合器所传递的转矩大小。安全离合器的工作原理见图2-21。

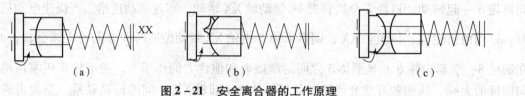

图2-21 安全离合器的工作原理
(a) 正常工作位;(b) 临界位;(c) 打滑位

6) 方刀架结构

如图2-22所示,方刀架安装在小滑板1上,用小滑板的圆柱凸台D定位。

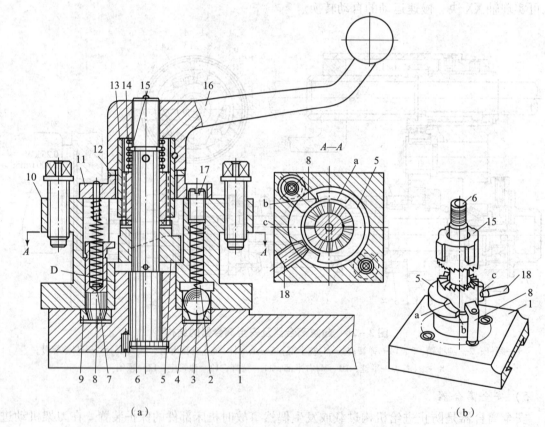

图2-22 CA6140型卧式车床方刀架结构

1—小滑板;2—弹簧;3—定位钢球;4—定位套;5—凸轮;6—轴;7—弹簧;8—定位销;
9—定位套;10—方刀架体;11—刀架上盖;12—垫片;13—内花键套筒;
14—弹簧;15—花键套筒;16—手柄;17—调节螺钉;18—固定销。

方刀架可转动间隔为90°的四个位置,使装在四侧的四把车刀依次进入工作位置。每次转位后,定位销8插入刀架滑板上的定位孔中进行定位。方刀架每次转位过程中的松夹、拨销、转位、定位以及夹紧等动作,都由手柄16操纵。逆时针转动手柄16,使其从轴6顶端的螺纹向上退松,方刀架体10便被松开。同时,手柄通过内花键套筒13(用骑缝螺钉与手柄连接)带动花键套筒15转动,花键套筒15的下端面齿与凸轮5上的端面齿啮合,因而凸轮也被带动着逆时针转动。

思考与练习

一、填空题

1. CA6140型卧式车床车削米制螺纹的最小导程为( )mm,最大导程为( )mm。
2. CA6140型卧式车床传动系统具备以下传动链:( )、( )、( )和( )。
3. CA6140型卧式车床可车削( )、( )、( )和( )4种标准螺纹;另外还可以加工( )螺纹、( )和( )的螺纹。
4. 代表CA6140型卧式车床的主参数的是40,它代表床身上工件的最大回转直径为( )。
5. 回轮、转塔车床只适用于成批生产中加工( ),且( )的零件。
6. 采用卸荷带轮,其作用是将皮带的( )卸除到箱体,而将( )传递给皮带轮轴。

二、选择题

1. CA6140型卧式机床床身上最大回转直径为( )mm。
   A. 40   B. 800   C. 400   D. 200
2. CA6140型卧式车床主轴的正转级数为( ),反转级数为12。
   A. 24   B. 30   C. 15
3. CA6140型卧式车床的主参数用( )表示。
   A. 床身上加工工件的最大长度   B. 床身上最大回转直径
   C. 加工工件最大重量
4. CA6140型卧式车床车削米制螺纹的最大导程为( )mm。
   A. 12   B. 10   C. 8
5. CA6140型卧式车床主轴处于( )状态时才能使用扩大螺纹导程组。
   A. 低速   B. 高速
6. 卧式车床床身变形的主要类型是( )。
   A. 弯曲变形   B. 弯曲变形与扭转变形
   C. 扭转变形   D. 局部拉压变形
7. CA6140型卧式车床主传动系统采用了( )传动系统。
   A. 多公比   B. 多速电动机   C. 分支传动   D. 交换齿轮
8. CA6140型卧式车床主轴箱采用了( )的润滑方法。
   A. 溅油润滑   B. 搅油润滑   C. 脂润滑   D. 油泵供油循环润滑
9. 卧式车床主轴前端的锥孔为( )锥度。

A. 米制　　　　B. 英制　　　　C. 莫氏　　　　D. 公制

10. 在 CA6140 型卧式车床上，车削螺纹和机动进给分别采用丝杠和光杠传动，其目的是（　　）。

A. 提高车削螺纹传动链传动精度

B. 减少车削螺纹传动链中丝杠螺母副的磨损

C. 提高传动效率

D. A、B、C 之和

三、分析计算题

1. 试分析 CA6140 型卧式车床的传动系统回答以下问题。

（1）这台车床的传动系统有几条传动链？指出各传动链的首端件和末端件。

（2）分析车削模数螺纹和径节螺纹的传动路线，并列出其运动平衡式。

（3）为什么车削螺纹时用丝杠承担纵向机动进给，而车削其他表面时用光杠传动纵向和横向机动进给？能否用一根丝杠承担纵向机动进给又承担车削其他表面的进给机动运动。

2. 在 CA6140 型卧式车床的主运动、车削螺纹运动、纵向和横向机动进给运动和快速运动等传动链中，哪条传动链的两端件之间具有严格的传动比？哪条传动链是内联系传动链？

3. 判断下列结论是否正确，并说明理由。

（1）车削米制螺纹转换为车削英制螺纹，用同一组（螺纹）交换齿轮，但要转换传动路线。

（2）车削模数螺纹转换为车削径节螺纹，用同一组（模数）交换齿轮，但要转换传动路线。

（3）车削米制螺纹转换为车削径节螺纹，用英制传动路线，但要改变交换齿轮。

（4）车削英制螺纹转换为车削径节螺纹，用英制传动路线，但要改变交换齿轮。

4. 在CA6140型卧式车床上车削下列螺纹：
（1）米制螺纹 $P=3$ mm，$k=2$；
（2）模数螺纹 $m=3$ mm，$k=2$。
试列出其传动路线表达式，并说明车削这些螺纹时可采用的主轴转速范围及其理由。

5. 若将 CA6140 型卧式车床的纵向传动丝杠（$P_{h丝} = 12$ mm）换成英制丝杠（a，单位为牙/in），试分析车削米制螺纹和英制螺纹的传动路线，交换齿轮应怎样调整，并列出能够加工的标准米制、英制螺纹种类。

6. 为什么 CA6140 型卧式车床主轴转速在 450~1 450 r/min 条件下，采用扩大螺距机构，刀具获得微小进给量，而主轴转速为 10~125 r/min 条件下，使用扩大螺距机构，刀具却获得大进给量？

7. 试分析 CA6140 型卧式车床的主轴组件在主轴箱内怎样定位。其径向和轴向间隙怎样调整。

8. 为什么卧式车床主轴箱的运动输入轴（轴Ⅰ）常采用卸荷带轮？对照图 2-7 的传动系统图说明转矩是如何传递到轴Ⅰ的。

9. 在 CA6140 型卧式车床主传动链中，如图 2-7 所示，能否用双向牙嵌式离合器或双向齿轮式离合器代替双向多片式离合器以实现主轴的开停及换向？在进给传动链中，能否用单向多片离合器或电磁离合器代替齿轮式离合器 M_3、M_4、M_5？为什么？

10. 在 CA6140 型卧式车床溜板箱中，开合螺母操纵机构与纵、横向机动进给操纵机构之间为什么需要互锁？试分析互锁机构的工作原理。

思考与练习答案

项目三 普通磨床

学习目标

(1) 掌握普通磨床的基本知识。
(2) 熟悉 M1432A 型万能外圆磨床组成、传动特点和主要结构。
(3) 熟悉磨床的各种类型和应用。
(4) 认识各种磨床,并明确其使用范围。
(5) 掌握 M1432A 型万能外圆磨床的传动系统分析方法,认识其典型部件。

任务描述

现要求在磨床上对图 3-1 所示的零件进行磨削加工,并达到其基本的技术要求,试选择合适的磨床。

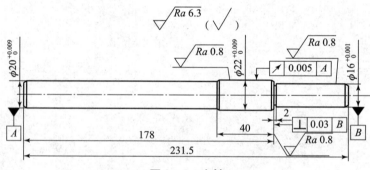

图 3-1 小轴

相关知识

磨削加工是金属切削的最后一道工序,其功能也是切除工件表面上多余的金属层,使工件尺寸符合图样要求并保证工件的尺寸精度、形状精度及表面质量。选择合适的机床是保证工件加工精度且提高工作效率的基本方法。

一、磨床的功用和类型

磨削加工是用砂轮或其他磨具加工工件表面的方法,所用的机床称为磨床。磨床是用磨料磨具(如砂轮、砂带、油石、研磨料)为工具对工件进行切削加工的机床。

1. 磨床的用途

磨床广泛地应用于零件的精加工,尤其是淬硬钢件和高硬度特殊材料的精加工。磨床可以加工各种表面，如内、外圆柱面和圆锥面、平面、渐开线齿廓面、螺旋面，以及各种成形面等，还可以刃磨刀具和进行切断等，工艺范围非常广泛。

随着科学技术的不断发展，对机器及仪器零件的精度和表面粗糙度要求愈来愈高；各种高硬度材料的使用日益增加。同时，由于精密铸造和精密锻造工艺的进步，毛坯可不经过其他切削加工而直接磨削成成品。此外，高速磨削和强力磨削工艺的发展进一步提高了磨削效率。

因此，磨床的使用范围日益扩大，其在机床中所占的比重不断上升，一些发达国家已达到 30%～40%。

2. 使用刀具

砂轮（最常用）是由黏合剂将磨料颗粒黏接而成的多孔体，其中每一个磨粒都可以看成是一个不规则的刀齿，可看成是无数刀齿的铣刀。

3. 磨床的运动

磨削运动可分为主运动和进给运动，另外还有一些辅助运动，具体分类如下。

（1）主运动。磨床的主运动指砂轮的旋转高速运动。

（2）进给运动。磨床的进给运动是指使新的金属层不断投入磨削的运动，可分为纵向进给运动、横向进给运动、工件的圆周运动和垂直进给运动等。磨削方式不同，进给方式也不同，并且进给运动的方式可以是一种，也可以几种方式兼有。

（3）辅助运动。磨床的辅助运动是指在工作中，为使装卸工件和测量方便并节约辅助时间所需的运动，如砂轮的快速进退运动和尾架套筒的自动伸缩运动等。

4. 磨床的类型

除了某些形状特别复杂的表面外，机器零件的各种表面大多能用磨床加工，因此磨床的种类很多，根据用途和采用的工艺方法不同，大致可分为以下几类。

（1）外圆磨床。外圆磨床包括普通外圆磨床、万能外圆磨床、端面外圆磨床等，主要用于轴套类零件的外圆柱、外圆锥面、阶台轴外圆面及端面的磨削。

（2）内圆磨床。内圆磨床包括内圆磨床、无心内圆磨床和行星式内圆磨床等，主要用于轴套类零件和盘套类零件内孔表面及端面的磨削。

（3）平面磨床。平面磨床包括卧轴矩台平面磨床、立轴矩台平面磨床、卧轴圆台平面磨床和立轴圆台平面磨床等，主要用于各种零件的平面及端面的磨削。

（4）工具磨床。工具磨床包括工具曲线磨床、钻头沟槽磨床和丝锥沟槽磨床等，主要用于磨削各种切削刀具的刃口，如车刀、铣刀、铰刀、齿轮刀具、螺纹刀具等。该类磨床装上相应的机床附件，可对体积较小的轴类外圆、矩形平面、斜面、沟槽和半球面等外形复杂的机具、夹具、模具进行磨削加工。

（5）刀具、刃磨磨床。刀具、刃磨磨床包括万能工具磨床、拉刀刃磨床和滚刀刃磨床等。

（6）专门化磨床。专门化磨床专门用于磨削某一类零件的磨床，如曲轴磨床、凸轮轴磨床、花键轴磨床、叶片磨床、活塞环磨床、齿轮磨床和螺纹磨床等。

（7）其他磨床。其他磨床包括珩磨机、抛光机、超精加工机床、砂带磨床、研磨机和砂轮机等。

在生产中应用最多的是外圆磨床、内圆磨床、平面磨床和无心磨床。

二、外圆磨床

外圆磨削是用砂轮外圆周面来磨削工件的外圆周表面。它能加工圆柱面、圆锥面、端面、球面和特殊形状的外表面等。这种磨削方式按照进给的方法不同分为两种：纵向磨削法和切入磨削法。

1. 纵向磨削法（纵磨法）

纵向磨削法是使工作台作纵向往复运动进行磨削的方法，如图3-2（a）所示。砂轮旋转作主运动（n_t），进给运动有：工件旋转作圆周进给运动（n_w），工件沿其轴线往复移动作纵向进给运动（f_a），在工件每一纵向行程或往复行程终了时，砂轮周期地作一次横向进给运动（f_r），全部余量在多次往复行程中逐步磨去。

特点：纵磨法每次的横向进给量小，磨削力小，散热条件好，并且能以"光磨"的次数来提高工件的磨削或表面质量，因而加工精度和表面质量较高，但生产效率低，是目前生产中使用最广泛的一种磨削方法。

2. 切入磨削法（横磨法）

采用切入磨削法磨外圆时，工件只作圆周进给运动（n_w），而无纵向进给运动，砂轮则连续地作横向进给运动（f_r），直到磨去全部余量，达到所要求的尺寸为止。

特点：横磨法因砂轮宽带大，一次行程就可以完成磨削加工过程，所以生产效率高，适用于磨削长度短、刚性好、精度低的外圆表面。但采用横磨法时，工件与砂轮的接触面积大，磨削力大，发热量大而集中，所以易影响工件的表面质量。

在某些外圆磨床上，还可用砂轮端面磨削工件的台阶面，如图3-2（c）所示。磨削时工件转动（n_w），并沿其轴线缓慢移动（f_a），以完成进给运动。

外圆磨床的主要类型有普通外圆磨床、万能外圆磨床、无心外圆磨床、宽砂轮外圆磨床和端面外圆磨床等。

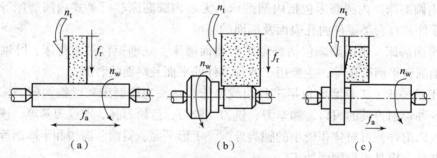

图3-2 外圆磨床的磨削方法

(a) 纵向磨削法；(b) 切入磨削法；(c) 用砂轮端面磨削工件的台阶面

n_t—砂轮旋转角速度；n_w—工件旋转角速度；f_r—砂轮横向进给量；f_a—工件纵向进给量。

三、M1432A型万能外圆磨床

M1432A型万能外圆磨床主要用于磨削内、外圆柱面，内、外圆锥面，阶梯轴轴肩，以及端面和简单的成形回转体表面等。它属于普通精度级机床，磨削加工精度可达T6~T7级，表面粗糙度在$Ra1.25 \sim 0.08\ \mu m$之间。这种磨床万能性强，但磨削效率不高，自动化程度较低，适用于工具车间、维修车间和单件小批生产类型。其主参数为：最大磨削直径320 mm。

1. M1432A型万能外圆磨床的主要组成部件

图3-3是M1432A型万能外圆磨床的外形，它由下列主要部件组成。

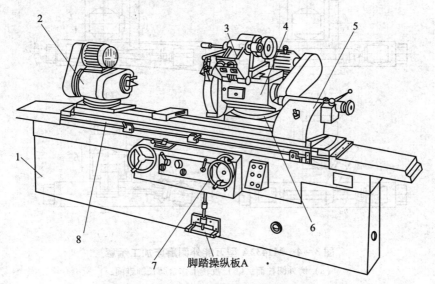

图3-3 M1432A型万能外圆磨床的外形
1—床身；2—头架；3—内圆磨具；4—砂轮架；5—尾座；6—滑鞍；
7—转动横向进给手轮；8—工作台。

（1）床身。床身是磨床的基础支承件，用以支承机床的各部件。

（2）头架。头架用于装夹和定位工件并带动工件转动。当头架旋转一个角度时，可磨削短圆锥面；当头架作逆时针回转90°时，可磨削小平面。

（3）砂轮架。砂轮架用以支承并传动砂轮主轴高速旋转。砂轮架装在滑鞍6上，回转角度为±30°。当需要磨削短圆锥面时，砂轮架可调至一定的角度位置。

（4）内圆磨具。内圆磨具用于支承磨内孔的砂轮主轴。内圆磨具主轴由单独的内圆砂轮电动机驱动。

（5）尾座。尾座上的后顶尖和头架前顶尖一起，用于支承工件。

（6）工作台。工作台由上工作台和下工作台两部分组成。上工作台可绕下工作台的心轴在水平面内调至某一角度位置，用以磨削锥度较小的长圆锥面。工作台台面上装有头架和尾座，这些部件随着工作台一起，沿床身纵向导轨作纵向往复运动。

（7）滑鞍及横向进给机构。转动横向进给手轮7，通过横向进给机构带动滑鞍6及砂轮架作横向移动也可利用液压装置，使滑鞍及砂轮架作快速进退或周期性自动切入进给。

2. 机床的运动

图3-4是M1432A型万能外圆磨床上4种典型的加工示意图。

1）磨外圆柱面

如图3-4（a）所示，外圆柱面磨削所需的运动为：

（1）砂轮旋转运动n_t，它是磨削外圆柱面的主运动；

（2）工件旋转运动n_w，它是工件的圆周进给运动；

(3) 工件纵向往复运动 f_a，它是磨削出工件全长所必需的纵向进给运动；

(4) 砂轮横向进给运动 f_r，它是间歇的切入运动。

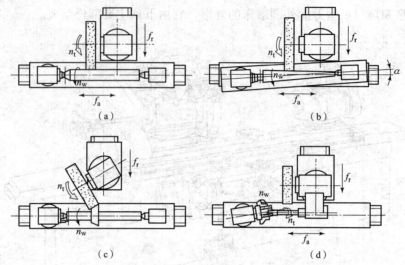

图 3-4 M1432A 型万能外圆磨床加工示意
(a) 磨外圆柱面；(b) 扳转工作台磨长圆锥面；
(c) 扳转砂轮架磨短外圆锥面；(d) 扳转头架磨内圆锥面

2) 磨长圆锥面

如图 3-4 (b) 所示，所需的运动和磨外圆柱面时一样，所不同的是将工作台调至一定的角度位置。这时工件的回转中心线与工作台纵向进给方向不平行，所以磨削出来的表面是圆锥面。

3) 磨外圆锥面

如图 3-4 (c) 所示，将砂轮调整至一定的角度位置，工件不作往复运动，砂轮作连续的横向切入进给运动。这种方法仅适合磨削短的外圆锥面。

4) 磨内圆锥面

如图 3-4 (d) 所示，将工件装夹在卡盘上，并调整至一定的角度位置。这时磨外圆柱面的砂轮不转，磨削内圆锥面的砂轮作高速旋转运动 n_t，其他运动与磨外圆柱面时类似。

从上述四种典型表面加工的分析中可知，M1432A 型万能外圆机床应具有下列运动。

(1) 主运动：磨外圆柱面砂轮的旋转运动 n_1；磨内圆锥面砂轮的旋转运动 n_t。主运动由两个电动机分别驱动，并设有互锁装置。

(2) 进给运动：工件旋转运动 n_w；工件纵向往复运动 f_a；砂轮横向进给运动 f_r；往复纵向磨削时，横向进给运动是周期性间歇进给；切入磨削时是连续进给运动。

(3) 辅助运动：砂轮架快速进退（液压），工作台手动移动，以及尾座套筒的退回（手动或液动）等。

3. M1432A 型万能外圆磨床的机械传动系统

M1432A 型万能外圆磨床的运动由机械和液压联合传动，除工作台的纵向往复运动、砂轮架的快速进退、周期自动切入进给及尾座顶尖套筒的缩回为液压传动外，其余运动都是机械传动。其机械传动系统图如图 3-5 所示。

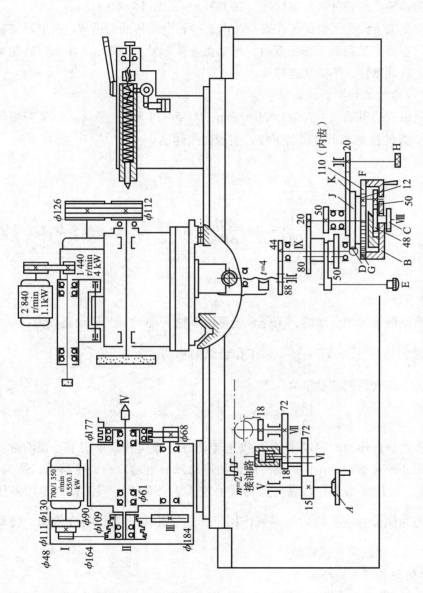

图 3-5 M1432A 型万能外圆磨床机械传动系统图

1) 外圆磨削时砂轮主轴传动链

砂轮主轴的运动是由砂轮架电动机（1 440 r/min，4 kW）经 4 根 V 带直接传动的。砂轮主轴的转速达 1 670 r/min。

2) 内圆磨具传动链

内圆磨削砂轮主轴由内圆砂轮电动机（2 840 r/min，1.1 kW）经平皮带直接传动。更换平带轮可使内圆砂轮主轴获得两种高转速（10 000 r/min 和 15 000 r/min）。

内圆磨具装在支架上，为了保证工作安全，内圆砂轮电动机的起动与内圆磨具支架的位置有互锁作用；只有当支架翻到工作位置时，电动机才能起动。这时，（外圆）砂轮架快速进退手柄在原位上自动锁住，不能快速移动。

3) 头架拨盘（带动工件）的传动链

拨盘的运动是由双速电动机（700/1 350 r/min，0.55/1.1 kW）驱动，经 V 带塔轮及两级 V 带传动，使头架的拨盘或卡盘带动工件，实现圆周运动。

其传动路线表达式为

$$\text{头架电动机（双速）} - \text{I} - \begin{Bmatrix} \phi 48 \\ \phi 164 \\ \phi 111 \\ \phi 109 \\ \phi 130 \\ \phi 90 \end{Bmatrix} - \text{II} - \frac{\phi 61}{\phi 184} - \text{III} - \frac{\phi 68}{\phi 177} - \text{拨盘或卡盘（工件转动）}$$

4) 工作台的手动驱动

调整机床及磨削阶梯轴的台阶时，工作台还可由手轮 A 驱动。其传动路线为：

$$\text{手轮 A} - \text{V} - \frac{15}{72} - \text{VI} - \frac{18}{72} - \text{VII} - \frac{18}{\text{齿条}} - \text{工作台纵向移动}$$

手轮转一圈，工作台纵向移动量为

$$1 \times \frac{15}{72} \times \frac{18}{72} \times 18 \times 2\pi = 5.89 \text{ mm} \approx 6 \text{ mm}$$

为了避免工作台纵向运动时带动手轮 A 快速转动碰伤操作者，采用了互锁油缸。轴 VI 的互锁油缸和液压系统相通，工作台运动时压力油推动轴 VI 上的双联齿轮移动，使齿轮 $z18$ 与 $z72$ 脱开。因此，液压驱动工作台纵向运动时手轮 A 并不转动。当工作台不用液压传动时，互锁油缸上腔通油池，在油缸内的弹簧作用下，使齿轮副 $\frac{18}{72}$ 重新啮合传动，转动手轮 A，便可实现工作台手动纵向直线移动。

5) 滑鞍及砂轮架的横向进给运动

如图 3-5 所示，横向进给运动，可摇动手轮 B 来实现，也可柱塞 G 驱动，实现周期的自动进给。传动路线表达式为

$$\begin{bmatrix} \text{手轮 B} \\ \text{（手动进给）} \\ \text{柱塞 G} \\ \text{（自动进给）} \end{bmatrix} - \text{VIII} - \begin{bmatrix} \frac{50}{50} \text{（粗）} \\ \frac{20}{80} \text{（细）} \end{bmatrix} - \text{IX} - \frac{44}{88} - \text{横向进给丝杠}(L=4 \text{ mm})$$

横向手动进给分粗进给和细进给。粗进给时，将手柄 E 向前推，转动手轮 B 经齿轮副 $\frac{50}{50}$ 和 $\frac{44}{88}$、丝杠使砂轮架作横向粗进给运动。手轮 B 转 1 圈，砂轮架横向移动 2 mm，手轮 B 的刻度盘 D 上分为 200 格，则每格的进给量为 0.01 mm。细进给时，将手柄 E 拉到图 3-5 所示的位置，经齿轮副 $\frac{20}{80}$ 和 $\frac{44}{88}$ 啮合传动，则砂轮架作横向细进给，手轮 B 转 1 圈，砂轮架横向移动 0.5 mm，刻度盘上每格进给量为 0.002 5 mm。

（1）定程磨削法。磨削一批工件时，为了简化操作及节省时间，通常在试磨第一个工件达到要求的直径后，调整刻度盘上挡块 F 的位置，使它在横进给磨削至所需直径时，正好与固定在床身前罩上的定位块相碰，如图 3-6 所示。因此，磨削后续工件时，只须摇动横进给手轮（或开动液压自动进给），当挡块 F 碰在定位块 E 上时，停止进给（或停止液压自动进给），就可达到所需的磨削直径，上述过程就叫定程磨削法。利用定程磨削法可减少测量工件直径尺寸的次数。

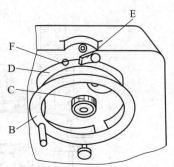

图 3-6 手动刻度的调整
B—手柄；C—旋钮；D—刻度盘；
F—挡块；E—定位块。

（2）砂轮磨损调整法。当砂轮磨损或修正后，由于挡块 F 控制的工件直径变大了。这时，必须调整砂轮架的行程终点位置，也就是调整刻度盘 D 上挡块 F 的位置。如图 3-6 所示，其调整的方法为：拔出旋钮 C，使它与手柄 B 上的销子脱开，顺时针方向转动旋钮 C，经齿轮副 $\frac{48}{50}$ 带动齿轮 z_{12} 旋转，z_{12} 与刻度盘 D 的内齿轮 z_{110} 相啮合，于是使刻度盘 D 逆时针方向转动。刻度盘 D 应转过的格数，根据砂轮直径减小所引起的工件尺寸变化量确定。调整妥当后，将旋钮 C 的销孔推入手柄 B 的销子上，使旋钮 C 和手柄 B 成一整体。

4. M1432A 型万能外圆磨床的主要部件结构

1）砂轮架

砂轮架由壳体、砂轮主轴及轴承、传动装置及滑鞍等组成。砂轮主轴及其支承部分的结构和性能，直接影响工件的加工精度和表面粗糙度，它是该磨床及砂轮架部件的关键。砂轮主轴应具有较高的旋转精度、刚度、抗振性和良好的耐磨性。为保证砂轮运转平稳和加工质量，新装的砂轮及砂轮主轴上的零件都需进行静平衡，整个主轴部件还要进行动平衡。

图 3-7 所示为 M1432A 型万能外圆磨床砂轮架的结构。

砂轮主轴的两端以锥体定位，前端通过压盘 1 安装砂轮，末端通过锥体安装带轮 13，并用轴端的螺母进行压紧。砂轮主轴 5 的前、后支承均采用"短三瓦"动压滑动轴承。每个轴承各由 3 块均布在主轴轴颈周围，包角约为 60°的扇形轴瓦 19 组成。每块轴瓦上都由可调节的球头螺钉 20 支承。而球头螺钉的球面与轴瓦的球面经过配作（偶件加工法），能保证有良好的接触刚度，并使轴瓦能灵活地绕球头螺钉自由摆动。螺钉的球头（支承点）位置在轴向处于轴瓦的正中，而在周向则偏离中间一些距离。这样，当砂轮主轴旋转时，三块轴瓦各自在螺钉的球头上自由摆动到一定平衡位置，其内表面与主轴轴颈间形成楔形缝隙，于是在轴颈周围产生 3 个独立的压力油膜，使主轴悬浮在 3 块轴瓦的中间，形成液体摩擦作用，以保证主轴有较高的精度保持性。当砂轮主轴受磨削载荷而产生向某一轴瓦偏移时，这一轴瓦的楔缝变小，油膜压力升高；而在另一方向的轴瓦楔缝变大，油膜压力减小，这样，砂轮主轴就能自动调节到原中心位置，保持主轴有较高的旋转精度。轴承间隙用球头螺钉 20 进行调整，调整时，先卸下封口螺钉 23、锁紧螺钉 22 和螺套 21，然后转动球头螺钉 20，使轴瓦与轴颈间的间隙合适为止（一般情况下，其间隙为 0.01～0.02 mm）。一般只调整最下面的一块轴瓦即可。调整好后，必须重新用螺套 21、锁紧螺钉 22 将球头螺钉 20 锁紧在壳体 4 的螺孔中，以保证支承刚度。

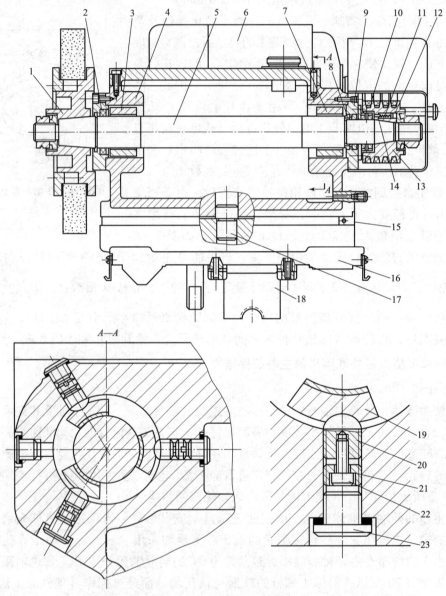

图 3-7　M1432A 型万能外圆磨床砂轮架结构

1—压盘；2、9—轴承盖；3、7—动压滑动轴承；4—壳体；5—砂轮主轴；6—主电动机；
8—止推环；10—推力球轴承；11—弹簧；12—调节螺钉；13—带轮；14—销子；
15—刻度盘；16—滑鞍；17—定位轴销；18—半螺母；19—扇形轴瓦；
20—球头螺钉；21—螺套；22—锁紧螺钉；23—封口螺钉。

砂轮主轴由止推环 8 和推力球轴承 10 作轴向定位，并承受左右两个方向的轴向力。推力球轴承的间隙由装在皮带轮内的六根弹簧 11 通过销子 14 自动消除。由于自动消除间隙的弹簧 11 的力量不可能很大，所以推力球轴承只能承受较小的向左轴向力。因此，M1432A 型万能外圆磨床只宜用砂轮的左端面磨削工件的台肩端面。

砂轮的壳体 4 固定在滑鞍 16 上，利用滑鞍下面的导轨与床身顶面后部的横导轨配合，并通过横向进给机构和半螺母 18，使砂轮作横向进给运动或快速向前、向后移动。壳体 4 可绕定位轴销 17 回转一定角度，以磨削锥度大的短锥体。

2）内圆磨具及其支架

M1432A 型万能外圆磨床的内圆磨具如图 3-8 所示，M1432A 型万能外圆磨床的内圆磨具支架如图 3-9 所示。

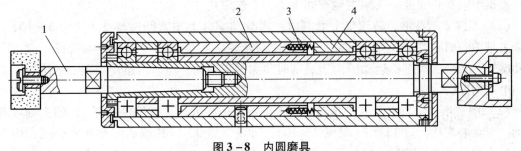

图 3-8　内圆磨具
1—接杆；2、4—套筒；3—弹簧。

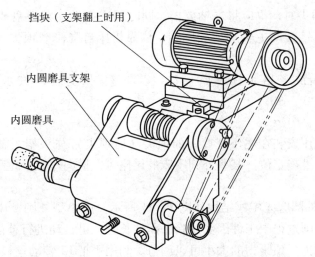

图 3-9　M1432A 型万能外圆磨床的内圆磨具支架

由于磨削内圆时砂轮直径较小，所以内圆磨具主轴应具有很高的转速，内圆磨具应保证高转速下运动平稳，并且主轴轴承应具有足够的刚度和寿命。内圆磨具主轴由平带传动。主轴前、后支承各用两个 D 级精度的角接触球轴承，均匀分布的 8 个弹簧 3 的作用力通过套筒 2、4 顶紧轴承外圈。当轴承磨损产生间隙或主轴受热膨胀时，由弹簧自动补偿调整，从而保证了主轴轴承刚度和稳定的预紧力。

主轴的前端有一莫氏锥孔，可根据磨削孔深度的不同，安装不同的接杆 1；后端有一外锥体，以安装平带轮，由电动机通过平带直接传动主轴。内圆磨具装在支架的孔中，如

图 3-9 为工作时内圆磨具的位置。如果不磨削内圆，内圆磨具支架翻向上方。

内圆磨具主轴的轴承用锂基润滑脂润滑。

3）头架

M1432A 型万能外圆磨床的头架结构如图 3-10 所示，头架由壳体 15、头架主轴 10 及其轴承、工件传动装置与底座 14 等组成。头架主轴 10 支承在 4 个 D 级精度的角接触球轴承上，靠修磨垫圈 4、5 和 9 的厚度，可对轴承进行预紧，以保证主轴部件的刚度和旋转精度。轴承用锂基润滑脂润滑，头架主轴 10 的前后端用橡胶油封密封。双速电动机经塔轮变速机构和两组带轮带动工件转动，使传动平稳，而头架主轴 10 按需要可以转动或不转动。带的张紧分别靠转动偏心套 11 和移动电动机座实现。头架主轴 10 上的带轮 7 采用卸荷结构，以减少头架主轴 10 的弯曲变形。

根据不同加工需要，头架主轴有如下 3 种工作形式。

（1）工件支承在前、后顶尖上磨削时，需拧动螺杆 1 顶紧摩擦环 2（见图 3-10），使头架主轴 10 和顶尖固定不能转动。工件则由与带轮 7 相连接的拨盘 8 上的拨杆，通过夹头带动旋转，实现圆周进给运动。由于磨削时顶尖固定不转，所以可避免因顶尖的旋转误差而影响磨削精度。

（2）用三爪自定心卡盘或四爪单动卡盘夹持工件磨削时，应拧松螺杆 1，使主轴可自由转动。卡盘装在法兰盘 12 上（见图 3-10），而法兰盘 12 以其锥柄安装在主轴锥孔内，并用通过主轴孔的拉杆拉紧。旋转运动由拨盘 8 上的螺钉传给法兰盘 12，同时主轴也随着一起转动。

（3）自磨主轴顶尖时，也应将主轴放松，同时用连接板 6 将拨盘 8 与主轴相连（见图 3-10），使拨盘 8 直接带动主轴和顶尖旋转，依靠机床自身修磨顶尖，以提高工件的定位精度。

头架壳体 15 可绕底座 14 上柱销 13 转动，以调整头架主轴 10 在水平面内的角度位置，其范围为逆时针方向 0°~90°。

4）尾座

尾座的功用是利用安装在尾座套筒上的顶尖（后顶尖）与头架主轴上的前顶尖一起支承工件，使工件实现准确定位。某些外圆磨床的尾座可在横向作微量位移调整，以便精确地控制工件的锥度。

M1432A 型万能外圆磨床尾座结构如图 3-11 所示。中小型外圆磨床的尾座一般用弹簧力预紧工件，以便磨削过程中工件因受热膨胀而伸长时，可自动进行补偿，避免引起工件弯曲变形和顶尖过分磨损。预紧力的大小可以调节。利用手把 12 转动丝杠 13，使螺母 14 左右移动（螺母 14 由于受销子 11 的限制，不能转动），改变弹簧 10 的压缩量，便可调整顶尖对工件的预紧力。

尾座套筒 2 在装卸工件时的退回可以手动，也可以使用液压传动。手动时可顺时针转动手柄 7，通过轴 8 和轴套 9，由上拨杆 15 拨动尾座套筒 2，连同顶尖 1 一起向后退回；使用液压传动时，用脚踏"脚踏操纵板"，操纵液压系统中的换向阀，使液压油进入液压缸（直接加工在尾座壳体 4 上）左腔，推动活塞 5 右移，通过下拨杆 6 和轴套 9 带动上拨杆 15 顺时针转动，拨动尾座套筒 2 和顶尖 1 退回。

尾座套筒 2 前端的密封盖 3 上有一斜孔 a，用于安装修整砂轮的金刚石杆。

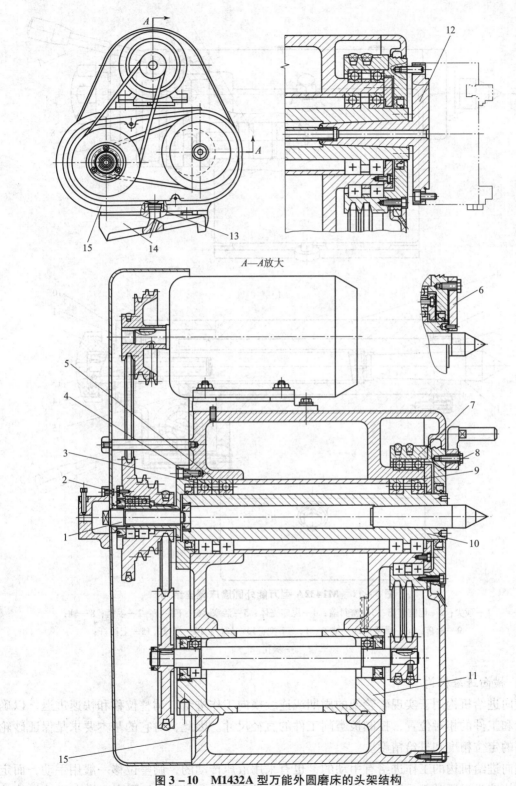

图 3-10 M1432A 型万能外圆磨床的头架结构

1—螺杆；2—摩擦环；3、4、5、9—修磨垫圈；6—连接板；7—带轮；8—拨盘；
10—头架主轴；11—偏心套；12—法兰盘；13—柱销；14—底座；15—头架壳体。

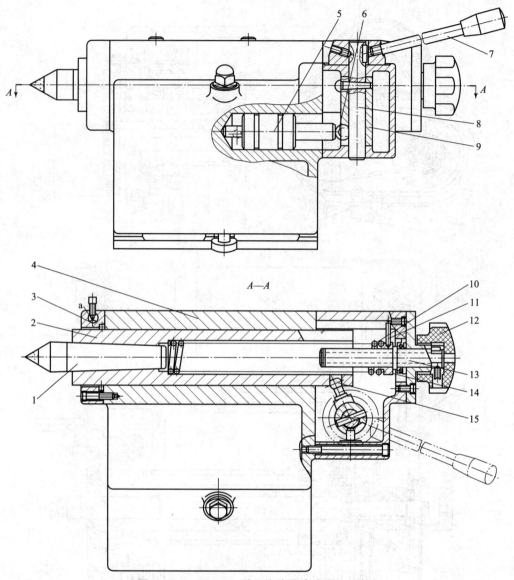

图 3-11　M1432A 型万能外圆磨床尾座结构

1—顶尖；2—尾座套筒；3—密封盖；4—尾座壳体；5—活塞；6—下拨杆；7—手柄；8—轴；
9—轴套；10—弹簧；11—销子；12—手把；13—丝杠；14—螺母；15—上拨杆；
a—斜孔。

5）横向进给机构

横向进给机构用于实现砂轮架的周期或连续横向工作进给，调整位移和快速进退，以确定砂轮和工件的相对位置，控制被磨削工件的直径尺寸。因此，对它的基本要求是保证砂轮架有高的定位精度和进给精度。

横向进给机构的工作进给有手动的，也有采用液压传动的，调整位移一般用手动，而定距离的快速进退通常都采用液压传动。图 3-12 是 M1432A 型万能外圆磨床横向进给机构的结构。

项目三 普通磨床

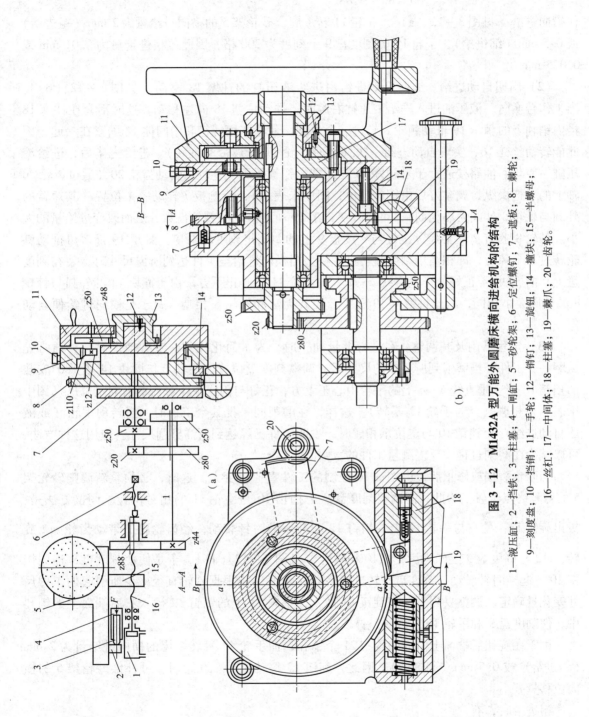

图3-12 M1432A型万能外圆磨床横向进给机构的结构

1—液压缸；2—挡铁；3—柱塞；4—闷缸；5—砂轮架；6—定位螺钉；7—遮板；8—蜗轮；9—刻度盘；10—挡销；11—手轮；12—销钉；13—旋钮；14—撞块；15—半螺母；16—丝杠；17—中间体；18—柱塞；19—棘爪；20—齿轮。

（1）手动进给。用手转动手轮 11，经过用螺钉与其相连接的中间体 17 带动轴 Ⅱ ［见图 3 – 12（b）］，再由齿轮副 $\frac{50}{50}$ 或 $\frac{20}{80}$，经 $\frac{44}{88}$ 传动丝杠 16 转动（螺距 $P = 4$ mm），可使砂轮架 5 作横向进给 ［见图 3 – 12（a）］。手轮 11 转 1 周，砂轮架 5 的横向进给量为 2 mm（粗进给）或 0.5 mm（细进给），手轮 11 的刻度盘 9 上刻度为 200 格，因此每格进给量为 0.01 mm 或 0.025 mm。

（2）周期自动进给。周期自动进给由进给液压缸的柱塞 18 驱动 ［见图 3 – 12（b）］。当工作台换向、液压油进入进给液压缸右腔时，推动柱塞 18 向左移动，这时活套在柱塞 18 槽内销轴上的棘爪 19 推动棘轮 8 转过一个角度。棘轮 8 用螺钉和中间体 17 固紧在一起，因此能转动丝杠 16，实现自动进给一次（此时手轮 11 也被带动旋转）。进给完毕后，进给液压缸右腔与回油路接通，于是柱塞 18 在左端的弹簧作用下复位。转动齿轮 20（通过齿轮 20 轴上的手把操纵，调整好后由钢球定位，图中未表示），使遮板 7 转动一个位置（其短臂的外圆与棘轮 8 外圆大小相同），可以改变棘爪 19 所能推动的棘轮齿数，从而改变进给量的大小。棘轮 8 上有 200 个齿，正好与刻度盘 9 上的 200 格刻度相对应。棘爪 19 最多可推动棘轮转过 4 个棘齿，即相当于刻度盘转过 4 格。当横向进给至工件达到所需尺寸时，装在刻度盘上 9 的撞块 14 正好处于垂直线 a—a 上的手轮 11 中心正下方。由于撞块 14 的外圆与棘轮 8 的外圆大小相同，因此将棘爪 19 压下，使其无法和棘轮 8 相啮合，于是横向进给便自动停止。

（3）定程磨削及其调整。在进行批量加工时，为了简化操作，节省辅助时间，通常先试磨一个工件，当磨削到所要求的尺寸后，调整刻度盘位置，使其上与撞块 14 成 180°安装的挡销 10 处于垂直线 a—a 上的手轮中心正上方，正好与固定在床身前罩上的定位爪（图中未表示）相碰（此时手轮 11 不转）。这样，在磨削同一批其余工件时，当转动手轮（或液压自动进给）至挡销 10 与定位爪相碰时，说明工件已经达到所需磨削尺寸。应用这种方法，可以减少在磨削过程中反复测量工件的次数。

当砂轮磨损或修正后，由挡销 10 控制的工件直径将变大。这时，必须重新调整砂轮架 5 的行程终点位置。为此，需调整刻度盘 9 上挡销 10 与手轮 11 的相对位置。调整方法是：拔出旋钮 13，使它与手轮 11 上的销钉 12 脱开后顺时针转动，经齿轮副 $\frac{48}{50}$ 带动齿轮 $z12$ 旋转，$z12$ 与刻度盘 9 上的内齿轮 $z110$ 相啮合 ［见图 3 – 12（a）］，于是便使刻度盘 9 连同挡销 10 一起逆时针转动。刻度盘 9 转过的格数（角度）应根据砂轮直径减少所引起的工件尺寸变化量确定。调整妥当后，将旋钮 13 推入，手轮 11 上的销钉 12 插入它后端面上的销孔中，使刻度盘 9 和手轮 11 连成一整体。

由于在旋钮后端面上沿周向均布 21 个销孔，而手轮 11 每转 1 周的横向进给量为 2 mm（粗进给）或 0.5 mm（细进给），因此，旋钮 13 每转过 1 个孔距时，可补偿砂轮架 5 的横向位移量 f'_r。

粗进给时，有

$$f'_r = \frac{1}{21} \times \frac{48}{50} \times \frac{12}{112} \times 2 = 0.01 \text{ mm}$$

细进给时，有

$$f'_r = \frac{1}{21} \times \frac{48}{50} \times \frac{12}{112} \times 0.5 = 0.0025 \text{ mm}$$

(4) 快速进退。砂轮架 5 的定距离快速进退运动由液压缸 1 实现 [见图 3-12 (a)]。当液压缸的活塞在油压作用下左右移动时，通过滚动轴承座带动丝杠 16 轴向移动（此时丝杠的右端在齿轮 z88 的内花键孔中滑动），再由半螺母 15 带动砂轮架 5 实现快进或快退。快进终点位置的准确定位由刚度定位螺钉 6 保证。为了提高砂轮架 5 的重复定位精度，液压缸 1 设有缓冲装置，以减小定位时的冲击和防止发生振动。

丝杠 16 和半螺母 15 之间的间隙，既影响进给量精度，也影响重复定位精度，利用闸缸 4 可消除其影响。机床工作时，闸缸 4 接通液压油，柱塞 3 通过挡铁 2 使砂轮架 5 受到一个向左的作用力 F，此力与径向磨削分力同向，与进给力方向相反，使半螺母 15 和丝杠 16 始终紧靠在螺纹的一侧，因而螺纹间隙便不会影响进给量和定位精度。

四、其他类型磨床

1. 普通外圆磨床和半自动宽砂轮外圆磨床

1) 普通外圆磨床

普通外圆磨床的结构与万能外圆磨床基本相同，所不同的是：头架和砂轮架不能绕轴心在水平面内调整角度位置；头架主轴直接固定在箱体上不能转动，工件只能用顶尖支承进行磨削；不配置内圆磨头装置。因此，普通外圆磨床工艺范围较窄，只能磨削外圆柱面和锥度较小的外圆锥面。但由于主要部件的结构层次少、刚性好，且可采用较大的磨削用量，因此生产率较高，同时也易于保证磨削质量。

2) 半自动宽砂轮外圆磨床

半自动宽砂轮外圆磨床的结构与普通外圆磨床类似，但其具有更好的结构和刚度。它采用大功率电动机驱动宽度很大的砂轮，按切入磨削法工作。为了使砂轮磨损均匀和获得小的表面粗糙度，某些宽砂轮外圆磨床的工作台或砂轮主轴可作短距离的往复抖动运动。这种磨床常配备有自动测量仪以控制磨削尺寸，按半自动循环进行工作，进一步提高了自动化程度和生产率。但由于磨削力和磨削热量大，工件容易变形，所以加工精度和表面粗糙度比普通外圆磨床差些，主要适用于成批和大量生产中磨削刚度较好的工件，如汽车和拖拉机的驱动轴、电动机转子轴和机床主轴等。

2. 端面外圆磨床

端面外圆磨床的主要特点是砂轮主轴轴线相对于头、尾座顶尖中心连线倾斜一定角度（如 MB1632 型半自动端面外圆磨床为 26°36′）。端面外圆磨床的磨削方法如图 3-13 所示，砂轮架沿斜向进给 [见图 3-13 (a)]，且砂轮装在主轴右端，以避免砂轮架与尾座和工件相碰。这种磨床以切入磨削法同时磨削工件的外圆和台阶端面，通常按半自动循环进行工作，由定程装置或自动测量仪控制工件尺寸，生产率较高，且台阶端面由砂轮锥面进行磨削 [见图 3-13 (b)]，砂轮和工件的接触面积较小，能保证较高的加工质量。这种磨床主要用于大批量生产中磨削带有台阶的轴类和盘类零件。

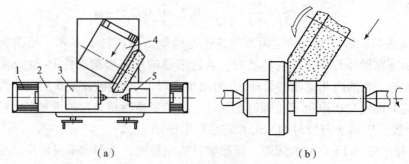

图 3-13 端面外圆磨床的磨削方法

(a) 砂轮架沿斜向进给；(b) 砂轮锥面磨削台阶端面

1—床身；2—工作台；3—头架；4—砂轮架；5—尾座。

3. 无心外圆磨床

无心外圆磨床的工作原理如图 3-14 所示。磨削时，工件不是支承在顶尖上或夹持在卡盘中，而是直接放在磨削砂轮 1 和导轮 3 之间，由托板 2 和导轮 3 支承，工件被磨削外圆表面本身就是定位基准面。磨削时工件在磨削力以及导轮和工件间摩擦力作用下带动旋转，实现圆周进给运动。导轮是摩擦系数较大的树脂或橡胶结合剂砂轮，其线速度在 10～50 m/min 左右，工件的线速度基本上等于导轮的线速度。磨削砂轮 1 采用一般的外圆磨砂轮，通常不变速，线速度很高，一般为 35 m/s 左右，所以在磨削砂轮与工件之间有很大的相对速度，这就是磨削工件的切削速度。

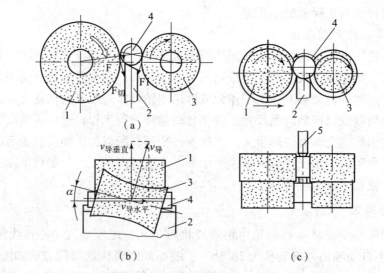

图 3-14 无心外圆磨床工作原理

(a) 工作原理；(b) 纵磨法；(c) 横磨法

1—磨削砂轮；2—托板；3—导轮；4—工件；5—挡块。

无心磨削时，工件的中心必须高于导轮 3 和磨削砂轮 1 的中心连线（高出的距离一般等于 0.15 d～0.25 d，d 为工件直径），使工件与磨削砂轮 1 和导轮 3 间的接触点不在工件的同一直径线上，从而使工件在多次转动中逐渐被磨圆。

无心外圆磨床有纵磨法和横磨法两种磨削方法。

(1) 纵磨法。如图3-14（b）所示，纵磨法是将工件4从机床前面放到导板上，推入磨削区；由于导轮3在垂直平面内倾斜α角，导轮3与工件4接触处的线速度$v_导$，可分解为水平和垂直两个方向的分速度$v_{导水平}$和$v_{导垂直}$，$v_{导垂直}$控制工件4的圆周进给运动，$v_{导水平}$使工件4作纵向进给运动。所以工件4进入磨削区后，便既作旋转运动，又作轴向移动，穿过磨削区，从机床后面出去，完成一次走刀。磨削时，工件4一个接一个地通过磨削区，加工是连续进行的。为了保证导轮3和工件4间为直线接触，导轮3的形状应修整成回转双曲面。这种磨削方法适用于不带台阶的圆柱形工件。

(2) 横磨法。如图3-14（c）所示，横磨法是先将工件4放在托板2和导轮3上，然后由工件4（连同导轮3）或砂轮作横向进给运动。此时导轮3的中心线仅倾斜微小的角度（约30′），以便对工件产生一个不大的轴向推力，使之靠住挡块5，得到可靠的轴向定位。此法适用于具有阶梯或成形回转表面的工件。

图3-15是目前生产中使用最普遍的无心外圆磨床外形。砂轮架3固定在床身1的左边，装在其上的砂轮主轴通常是不变速的，由装在床身内的电动机经皮带直接传动。导轮架装在床身1右边的拖板9上，它由转动体5和座架6两部分组成。转动体可在垂直平面内相对座架转位，以使装在其上的导轮主轴根据加工需要对水平线偏转一个角度。导轮可有级或无级变速，它的传动装置装在座架内。在砂轮架左上方以及导轮架转动体的上面，分别装有砂轮修整器2和导轮修整器4。在拖板9的左端装有工件座架11，其上装着支承工件用的托板16，以及使工件在进入与离开磨削区时保持正确运动方向的导板15。利用快速进给手柄10或微量进给手轮7，可使导轮沿拖板9上导轨移动（此时拖板9被锁紧在回转底座8上），以调整导轮和托板间的相对位置；或者使导轮架、工件座架同拖板9一起，沿回转底座8上导轮移动（此时导轮架被锁紧在拖板9上），实现横向进给运动。回转底座8可在水平面内扳转角度，以便磨削锥度不大的圆锥面。

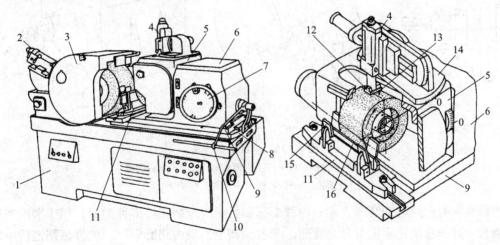

图3-15 无心外圆磨床外形

1—床身；2—砂轮修整器；3—砂轮架；4—导轮修整器；5—转动体；6—座架；7—微量进给手轮；8—回转底座；9—拖板；10—快速进给手柄；11—工件座架；12—直尺；13—金刚石；14—底座；15—导板；16—托板。

修整导轮时，将导轮修整器4的底座14相对转动体5偏转一角度（应等于或略小于导轮在垂直平面内倾斜的角度），并移动直尺12，使金刚石13的尖端偏离导轮轴线一距离

（应等于或略小于工件与导轮接触线在两轮中心连线上的高度），使金刚石尖端的移动轨迹与工件在导轮上的接触线相吻合。

4. 内圆磨床

内圆磨床用于磨削各种圆柱孔（通孔、盲孔、阶梯孔和断续表面的孔等）和圆锥孔，其磨削方法有下列几种。

（1）普通内圆磨削。如图 3-16（a）所示，磨削时，工件 4 用卡盘或其他夹具装夹在机床主轴上，由主轴带动其旋转作圆周进给运动（n_w），砂轮高速旋转，实现主运动（n_t），同时砂轮或工件 4 往复移动作纵向进给运动（f_a），在每次（或 n 次）往复行程后，砂轮或工件 4 作一次横向进给运动（f_r）。这种磨削方法适用于形状规则，便于旋转的工件。

（2）无心内圆磨削。如图 3-16（b）所示，磨削时，工件 4 支承在滚轮 1 和导轮 3 上，压紧轮 2 使工件 4 紧靠导轮 3，工件即由导轮 3 带动旋转，实现圆周进给运动（n_w）。砂轮除了完成主运动（n_t）外，还作纵向进给运动（f_a）和周期横向进给（f_r）。加工结束时，压紧轮沿箭头 A 方向摆开，以便装卸工件。这种磨削方式适用于大批量生产中，加工外圆表面已经精加工过的薄壁工件，如轴承套圈等。

（3）行星内圆磨削。如图 3-16（c）所示，磨削时，工件固定不转，砂轮除了绕其自身轴线高速旋转实现主运动（n_t）外，同时还绕被磨内孔的轴线作公转运动，以完成圆周进给运动（n_w），纵向往复运动（f_a）由砂轮或工件完成。周期地改变砂轮与被磨内孔轴线间的偏心距，即增大砂轮公转运动的旋转半径，可实现横向进给运动（f_r）。这种磨削方式适用于磨削大型或形状不对称、不便于旋转的工件。

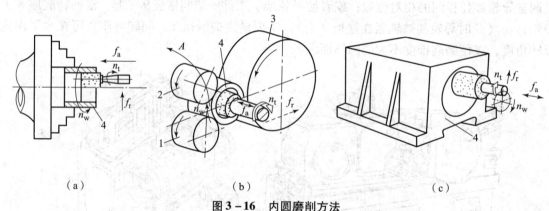

图 3-16 内圆磨削方法
(a) 普通内圆磨削；(b) 无心内圆磨削；(c) 行星内圆磨削
1—滚轮；2—压紧轮；3—导轮；4—工件。

内圆磨床有普通内圆磨床、无心内圆磨床和行星内圆磨床等多种类型，用于磨削圆柱孔和圆锥孔。其按自动化程度可分为普通、半自动和全自动内圆磨床。一般机械制造厂中以普通内圆磨床应用最普通。磨削时，根据工件形状和尺寸不同，可采用纵磨法或切入磨削法[见图 3-17（a）、（b）]。有些普通内圆磨床上备有专门的端磨装置，可在工件一次装夹中磨削内孔和端面[见图 3-17（c）、（d）]，这样不仅易于保证内孔和端面的垂直度，而且生产率较高。

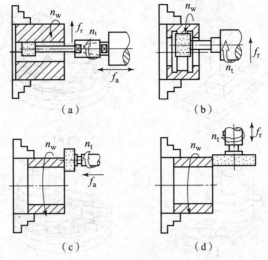

图 3-17 普通内圆磨床的磨削方法

图 3-18 是常见的两种普通内圆磨床外形。在图 3-18（a）所示的磨床中工件头架安装在工作台上，随工作台一起往复移动，完成纵向进给运动。在图 3-18（b）所示的磨床中砂轮架安装在工作台上作纵向进给运动。两种磨床的横向进给运动都由砂轮架实现。工件头架都可绕垂直轴线调整角度，以便磨削锥孔。

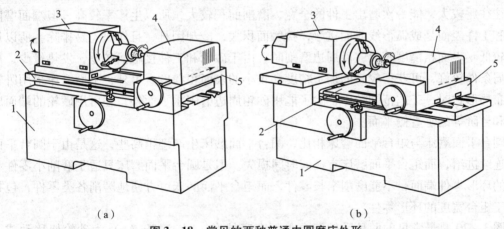

图 3-18 常见的两种普通内圆磨床外形
1—床身；2—工作台；3—工件头架；4—砂轮架；5—滑座

5. 平面磨床

平面磨床用于磨削各种零件的平面。根据砂轮的工作面不同，平面磨床可分为用砂轮周边磨削的平面磨床和用砂轮端面磨削的平面磨床两类。

用砂轮周边磨削［见图 3-19（a）（b）］的平面磨床，砂轮主轴常处于水平位置（卧式）；而用砂轮端面磨削［见图 3-19（c）（d）］的平面磨床，砂轮主轴常为立式的。根据工作台的形状不同，平面磨床又可分为矩形工作台和圆形工作台两类。所以，根据磨削方法和机床布局不同，平面磨床主要有下列四种类型：卧轴矩台平面磨床、卧轴圆台平面磨床、立轴矩台平面磨床和立轴圆台平面磨床。其中，卧轴矩台平面磨床和立轴圆台平面磨床最为常见。

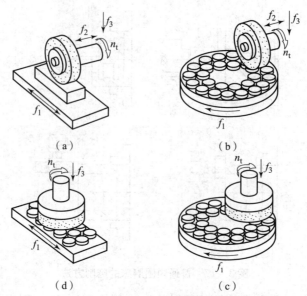

图 3-19 平面磨床的磨削方法
(a) 周边磨削：工件往复运动；(b) 周边磨削：工件圆周进给；
(c) 端面磨削：工件往复运动；(d) 端面磨削：工件圆周进给

用砂轮端面磨削的平面磨床与用砂轮周边磨削的平面磨床相比较，由于端面磨削的砂轮直径往往比较大，能一次磨出工件的全宽，磨削面积较大，所以生产率较高，但端面磨削时砂轮和工件表面是成弧形线或面接触，接触面积大，冷却困难，且切屑不易排除，所以加工精度较低，表面粗糙度较大；而周边磨削时，由于砂轮和工件接触面较小，发热量少，冷却和排屑条件较好，可获得较高的加工精度和较小的表面粗糙度。另外，平面磨床采用卧轴矩台的布局形式时，工艺范围较广，除了能用砂轮周边磨削水平面外，还可用砂轮的端面磨削沟槽和台阶等的垂直侧平面。

圆台平面磨床与矩台平面磨床相比，圆台平面磨床生产率稍高些，这是由于圆台平面磨床是连续进给，而矩台平面磨床有换向时间损失。但是圆台平面磨床只适于磨削小零件和大直径的环形零件端面，不能磨削窄长零件，而矩台平面磨床可方便地磨削各类零件，包括直径小于矩台宽度的环形零件。

图 3-20 是最常见的两种卧轴矩台平面磨床外形。图 3-20 (a) 为砂轮架移动式，工作台只作纵向往复运动，而由砂轮架沿滑鞍上的燕尾导轨移动来实现周期的横向进给运动；滑鞍和砂轮架一起可沿立柱导轨移动，作周期的垂直进给运动。图 3-20 (b) 为十字导轨式，工作台装在床鞍上，它除了作纵向往复运动外，还随床鞍一起沿床身导轨作周期的横向进给运动，而砂轮架只作垂直周期进给运动。这类平面磨床工作台的纵向往复运动和砂轮架的横向周期进给运动，一般都采用液压传动。砂轮架的垂直进给运动通常是手动的。为了减轻工人的劳动强度和节省辅助时间，有些机床具有快速升降机构，用以实现砂轮架的快速调位运动。砂轮主轴采用内联电动机直接传动。

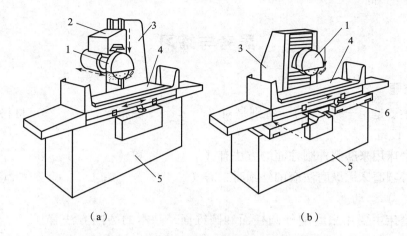

(a)   (b)

图 3-20　最常见的两种卧轴矩台平面磨床外形
1—砂轮架；2—滑鞍；3—立柱；4—工作台；5—床身；6—床鞍。

图 3-21 是立轴圆台平面磨床的外形。在立轴圆台平面磨床中，工作台装在床鞍上，它除了作旋转运动实现圆周进给外，还可以随同床鞍一起，沿床身导轨纵向快速退离或趋近砂轮，以便装卸工件。砂轮的垂直周期进给运动，通常由砂轮架沿立柱导轨移动来实现，但也有采用移动装在砂轮架体壳中的主轴套筒来实现的。

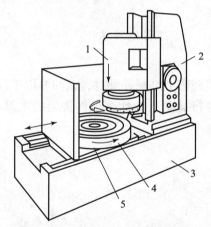

图 3-21　立轴圆台平面磨床的外形
1—砂轮架；2—立柱；3—床身；4—工作台；5—床鞍。

砂轮架还可作垂直快速调位运动，以适应磨削不同高度工件的需要。以上这些运动，都由单独电动机经机械传动装置传动。这类磨床的砂轮主轴轴线位置，可根据加工要求进行微量调整，使砂轮端面和工作台台面平行或倾斜一个微小的角度（一般小于 10′）。粗磨时，常采用较大的磨削用量以提高磨削效率，为避免发热量过大而使工件产生热变形和表面烧伤，需将砂轮端面倾斜一些，以减少砂轮与工件的接触面积。精磨时，为了保证磨削表面的平面度与平行度，需使砂轮端面与工作台台面平行或倾斜一极小的角度。此外，磨削内凹或内凸的工作表面时，也需使砂轮端面在相应方向倾斜。砂轮主轴轴线位置可通过砂轮架相对立柱或立柱相对于床身底座偏斜一个角度来调整。

思考与练习

一、填空题

1. 磨床主要是用于（　　），特别是对（　　）和（　　）材料制品，磨床是主要的加工设备。
2. 外圆磨床用来磨削外圆柱面的方法有（　　）和（　　）。
3. 万能外圆磨床用纵磨法磨削外圆时，需（　　）、（　　）、（　　）、（　　）运动。
4. 外圆磨床主要用来磨削外圆柱面和圆锥面，基本的磨削方法有（　　）和（　　）两种。

二、选择题

1. 内孔磨削可以在下列（　　）磨床上进行。
   A. 平面磨床　　　　　　　B. 普通外圆磨床　　　　　　　C. 内圆磨床
2. 磨床属于（　　）加工机床。
   A. 一般　　　　　　　　　B. 粗　　　　　　　　　　　　C. 精
3. 外圆磨床中，主运动是（　　）。
   A. 砂轮的平动　　　　　　B. 工件的转动　　　　　　　　C. 砂轮的转动

三、分析计算题

1. 在 M1432A 型万能外圆磨床上磨削外圆时，试回答以下问题。

（1）若用顶尖支撑工件进行磨削，为什么工件头架的主轴不转动？另外工件是怎样获得旋转（圆周进给）运动的？

（2）若工件头架和尾座的锥孔中心在垂直平面内不等高，磨削的工件将产生什么误差？如何解决？若二者在水平面内不同轴，磨削的工件又将产生什么误差？如何解决？

2. 在 M1432A 型万能外圆磨床上磨削工件，装夹方法有哪几种？

3. 在 M1432A 型万能外圆磨床上磨削圆锥面有哪几种方法？各适用于什么场合？

4. 采用定程磨削一批零件后发现工件直径尺寸大了 0.07 mm，应如何进行补偿调整？说明其调整步骤。

5. 试分析无心外圆磨床和普通外圆磨床在外形布局、磨削方法、生产率及适用范围方面各有什么区别？

6. 内圆磨削的方法有哪几种？各适用于什么场合？

7. 试分析卧轴矩台平面磨床与立轴圆台平面磨床在磨削方法、加工质量、生产率等方面有何不同？它们的适用范围有何区别？

思考与练习答案

项目四 齿轮加工机床

学习目标

(1) 掌握齿轮加工机床的基本知识。
(2) 掌握齿轮加工机床的机械结构。
(3) 了解齿轮加工机床的各种类型及加工方法。
(4) 能够正确地识别各种齿轮加工机床,并明确其使用范围。
(5) 认识齿轮加工机床典型部件,能看懂滚齿传动系统图,会进行有关运动计算。

任务描述

大家对如图4-1所示的零件不陌生,可你们知道它们是如何加工的?在加工过程中有哪些加工方法?是用什么机床、刀具加工出来的吗?

图4-1 齿轮

相关知识

齿轮广泛地应用在各种机床、飞机、船舶、汽车及精密仪器等行业的机械设备传动中,生产上需用齿轮数量很大,品种也很繁多。由于齿轮传动具有传动比准确、传动力大、效率高、结构紧凑、可靠耐用等优点,因此齿轮的需求量也日益增加。随着科学技术的不断发展,对齿轮传动在圆周速度和传动精度方面的要求越来越高。为此,齿轮加工机床已成为机械制造业中一种重要的技术装备。

按照被加工齿轮种类的不同,齿轮加工机床可分为圆柱齿轮加工机床(滚齿机、插齿机、珩齿机、剃齿机和磨齿机等)和锥齿轮加工机床(刨齿机、铣齿机、拉齿机)两大类。此外,还有齿轮齿端加工机床(倒角及检查机)、齿轮的无屑加工设备等。

一、齿轮加工机床的工作原理

1. 齿轮加工方法分类

齿轮的加工方法很多,如铸造、锻造、热扎、冲压和切削加工等。目前,前 4 种方法的加工精度还不高,精密齿轮主要靠切削加工。

按形成轮齿的原理,齿轮加工方法可分为两大类:成形法和展成法。

1) 成形法

成形法用于被加工齿轮齿槽形状相同的成形刀具切削齿轮,即所用刀具的切削刃形状与被切削齿轮的齿槽形状相吻合。例如,在铣床上用盘状模数铣刀或指状模数铣刀铣削齿轮(见图 4 - 2),在刨床或插床上用成形刀具加工齿轮。成形法分为单齿廓成形法和多齿廓成形法。

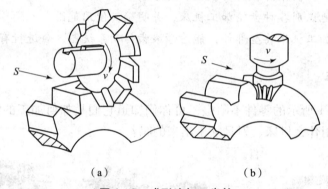

图 4 - 2 成形法加工齿轮
(a) 用盘状模数铣刀铣削齿轮;(b) 用指状模数铣刀铣削齿轮

采用单齿廓成形刀具加工齿轮(单齿廓成形法)时,每次只加工一个齿槽,然后用分度装置进行分度,依次加工下一个齿槽,直至全部轮齿加工完毕。这种加工方法的优点是机床较简单,可以利用通用机床加工。缺点是加工齿轮精度低。因为对于同一模数的齿轮,只要齿数不同,齿廓形状就不相同,需采用不同的成形刀具;在实际生产中,为了减少成形刀具的数量,每一种模数通常只配 8 把,各自适应一定的齿数范围(见表 4 - 1),成形刀具的齿廓曲线是按该范围内最小齿数的齿廓制造的,对其他齿数的齿轮,均存在着不同程度的齿廓误差,另外,在通用机床上加工齿轮时,由于一般分度头的分度精度不高,会引起分齿不均匀,以及每加工一个齿槽,工件都需要分度,同时刀具必须回程一次,所以其加工精度和生产率不高。因此,单齿廓成形法只适用于单件小批及修配业中加工精度不高的齿轮。此外,在重型机器制造工业中制造大型齿轮时,为了使所用刀具及机床的结构比较简单,也常用单齿廓成形法加工齿轮。

表 4 - 1 成形刀具的刀号

刀号	1	2	3	4	5	6	7	8
加工齿数范围	12~13	14~16	17~20	21~25	26~34	35~54	55~134	135 以上

在大批量生产中,也可采用多齿廓成形刀具来加工齿轮(多齿廓成形法),如用齿轮拉

刀、齿轮推刀（见图4-3）或多齿刀盘等刀具同时加工出齿轮的各个齿槽。

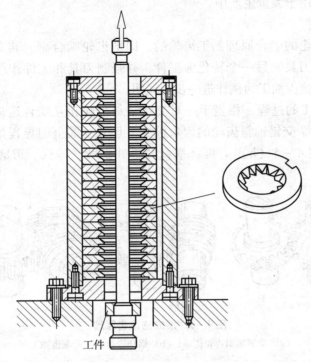

图4-3 用齿轮推刀加工齿轮

用多齿刀盘加工直齿圆柱齿轮时（见图4-4），刀盘3上装有和被切齿轮2齿数相等的成形切刀1，当工件沿轴向垂直向上运动时，刀盘3上的各把切刀同时切削工件各个齿槽。当工件向下作回程运动时，各切刀沿刀盘3径向退出一小段距离，以防止切刀磨损和擦伤工件已加工表面。工件每次回程后，各切刀沿刀盘3径向进给一次，使各切刀逐次切入，直至切出工件全齿高。

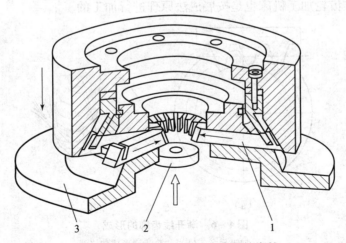

图4-4 用多齿刀盘加工直齿圆柱齿轮

1—成形切刀；2—被切齿轮；3—刀盘。

多齿廓成形法可以得到较高的加工精度和生产率，但要求所用刀具有较高的制造精度且结构复杂，同时每套刀具只能加工一种模数和齿数的齿轮，所用机床也必须是特殊结构的，因而成本较高，仅适用于大量生产中。

2）展成法

展成法是利用齿轮的啮合原理加工齿轮的，即把齿轮啮合副（齿条—齿轮、齿轮—齿轮）中的一个转化为刀具，另一个转化为工件，并强制刀具和工件作严格的啮合运动而展成切出齿廓。下面以滚齿加工为例作进一步的说明。

滚齿机上滚齿加工的过程，相当于一对交错轴斜齿轮相互啮合运动的过程［见图4-5（a）］，只是其中一个交错轴斜齿轮的齿数极少，且分度圆上的导程角也很小，所以它便成为蜗杆形状［见图4-5（b）］。再将蜗杆开槽并铲背、淬火、刃磨，便成为齿轮滚刀［见图4-5（c）］。

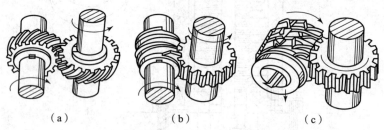

图4-5 展成法滚齿原理

(a) 交错轴斜齿轮传动；(b) 蜗杆传动；(c) 滚齿加工

一般蜗杆螺纹的法向截面形状近似齿条形状［见图4-6（a）］，因此，当齿轮滚刀按给定的切削速度转动时，它在空间便形成一个以等速 v 移动着的假想齿条，当这个假想齿条与被切齿轮按一定速比作啮合运动时，便在轮坯上逐渐切出渐开线的齿廓。齿廓的形成是由齿轮滚刀在连续旋转中依次对轮坯切削的数条刀刃线包络而成［见图4-6（b）］。

用展成法加工齿轮，可以用同一把刀具加工模数相同的齿轮，且加工精度和生产效率也较高，因此各种齿轮加工机床都应用这种加工方法，如滚齿机、插齿机和剃齿机等。此外，多数磨齿机及圆锥齿轮加工机床也是按展成法原理进行加工的。

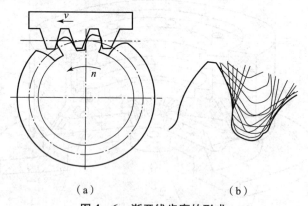

图4-6 渐开线齿廓的形成

(a) 加工示意；(b) 一个齿面形成包络线

v—假想齿条移动速度；n—被切齿轮转动速度。

2. 齿轮加工机床的类型及其用途

齿轮加工机床的种类繁多，按照被加工齿轮种类不同，齿轮加工机床可分为圆柱齿轮加工机床和圆锥齿轮加工机床两大类。

（1）圆柱齿轮加工机床。圆柱齿轮加工机床主要包括滚齿机、插齿机、剃齿机、衍齿机和磨齿机等。

① 滚齿机。滚齿机主要用于加工直齿、斜齿圆柱齿轮和蜗杆。

② 插齿机。插齿机主要用于加工单联及多联的内、外直齿圆柱齿轮。

③ 剃齿机。剃齿机主要用于淬火前的直齿和斜齿圆柱齿轮的齿廓精加工。

④ 衍齿机。衍齿机主要用于对热处理后的直齿和斜齿圆柱齿轮的齿廓精加工。衍齿对齿廓精度改善不大，主要是降低齿面的表面粗糙度值。

⑤ 磨齿机。磨齿机主要用于淬火后的圆柱齿轮的齿廓精加工。

此外，还有花键轴铣床和车齿机等。

（2）圆锥齿轮（锥齿轮）加工机床。这类机床可分为直齿锥齿轮加工机床和弧齿锥齿轮加工机床两类。

① 直齿锥齿轮加工机床有锥齿轮刨齿机、铣齿机和拉齿机等。

② 弧齿锥齿轮加工机床有弧齿锥齿轮铣齿机和拉齿机等。

近年来，精密化和数控化的齿轮加工机床迅速发展，各种 CNC 齿轮机床、加工中心、柔性生产系统等相继问世，使齿轮加工精度和效率显著提高。此外，齿轮刀具制造水平和材料有了很大的改进，使切削速度和刀具寿命普遍提高。

二、滚齿机

滚齿机是齿轮加工机床中应用最广泛的一种，它采用展成法工作。在滚齿机上，使用齿轮滚刀加工直齿或斜齿外啮合圆柱齿轮，或用蜗轮滚刀加工蜗轮。用其他非渐开线齿廓的滚刀还可在滚齿机上加工花键轴、链轮等。

滚齿机按工件的安装方式不同，有立式和卧式之分。卧式滚齿机适用于加工小模数齿轮和连轴齿轮，工件轴线为水平安装；立式滚齿机是应用最广泛的一种，它适用于加工轴向尺寸较小而径向尺寸较大的齿轮。

1. 滚齿原理

滚齿加工是依照交错轴斜齿轮啮合原理进行的。用齿轮滚刀加工齿轮的过程，相当于一对斜齿轮啮合的过程，将其中一个齿轮的齿数减少到几个或一个，使其螺旋角增大到很大（即螺旋升角很小），此时齿轮已演变成蜗杆，沿蜗杆轴线方向开槽、铲背后，其则成为齿轮滚刀。当齿轮滚刀按给定的切削速度做旋转运动，并与被切齿轮作一定速比的啮合运动过程中，在齿坯上就滚切出齿轮的渐开线齿廓［见图 4-7（a）］。在滚切过程中，分布在螺旋线上的滚刀各切削刃相继切去齿槽中一薄层金属，每个齿槽在滚刀旋转过程中由几个刀齿依次切出，渐开线齿廓则由刀刃一系列瞬时位置包络而成，如图 4-7（b）所示。因此，滚齿时齿廓的成形方法是展成法。成形运动是滚刀的旋转运动 B_{11} 和工件的旋转运动 B_{12} 组合而成的复合成形运动，这个复合成形运动称为展成运动。当滚刀与工件连续不断地旋转时，便在工件整个圆周上依次切出所有齿槽，形成齿轮的渐开线齿廓。也就是说，滚切齿形时齿廓的成形过程与齿坯的分度过程是结合在一起的。

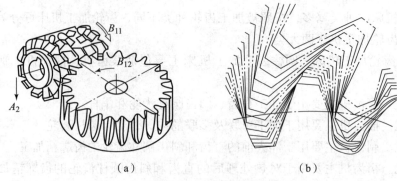

图4-7 滚齿原理

由上述可知，为了得到所需的渐开线齿廓和齿轮齿数，滚切齿廓时滚刀和工件之间必须保证严格的运动关系为：当滚刀转过一圈时，工件必须相应转过 $\frac{k}{z}$ 圈（k 为滚刀头数，z 为工件齿数）。

1）加工直齿圆柱齿轮时的运动和传动原理

加工（滚切）直齿圆柱齿轮时，滚刀轴线与齿轮端面倾斜一个角度，其值等于滚刀螺旋升角，使滚刀螺纹方向与被切齿轮齿向一致。图4-8所示为滚切直齿圆柱齿轮时的传动原理图，为完成滚切直齿圆柱齿轮，它需具有以下三条传动链。

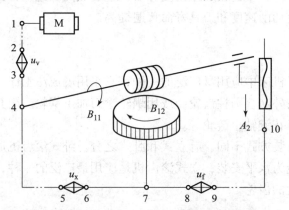

图4-8 滚切直齿圆柱齿轮时的传动原理图

（1）主运动传动链：电动机（M）—1—2—u_v—3—4—滚刀（B_{11}）。这是一条将动力源（电动机）与滚刀相联系的外联系传动链，实现滚刀旋转运动，即主运动。其中，u_v 为换置机构，用以变换滚刀的转速。

（2）展成运动传动链：滚刀（B_{11}）—4—5—u_x—6—7—工作台（B_{12}）。这是一条内联系传动链，实现渐开线齿廓的复合成形运动。对单头滚刀而言，滚刀转一圈，工件应转过一个齿，所以要求滚刀与工作台之间必须保持严格的传动比关系。其中，换置机构为 u_x，用于适应工件齿数和滚刀头数的变化，其传动比的数值要求很精确。由于工作台（工件）的旋转方向与滚刀螺旋角的旋向有关，故在这条传动链中，还设有工作台变向机构。

（3）轴向进给运动传动链：工作台（B_{12}）—7—8—u_f—9—10—刀架（A_2）。这是一条

外联系传动链,实现齿宽方向直线形齿廓运动。其中,换置机构为 u_f,用于调整轴向进给量的大小和进给方向,以适应不同加工表面粗糙度的要求。轴向进给运动是一个独立的简单运动,作为外联系传动链它可以使用独立的动力源来驱动。这里用工作台作为间接动力源,是因为滚齿的进给量通常以工件每转1圈时,刀架的位移量来计量,且刀架运动速度较低,采用这种传动方案,不仅满足了工艺上的需要,还能简化机床的结构。

2)加工斜齿圆柱齿轮的运动和传动原理

斜齿圆柱齿轮在齿长方向为一条螺旋线,为了形成螺旋线齿线,在滚刀作轴向进给运动的同时,工件还应作附加旋转运动 B_{22}(简称附加运动),且这两个运动之间必须保持确定的关系:滚刀移动一个螺旋线导程 S 时工件应准确地附加转过一圈,因此,加工斜齿圆柱齿轮时的进给运动是螺旋运动,是复合成形运动。如图 4-9(a)所示,设工件螺旋线为右旋,螺旋角为 β,当刀架带动滚刀沿工件轴向进给 f(单位为 mm),滚刀由 a 点到 b 点时,为了能切出螺旋线齿线,应使工件的 b' 点转到 b 点,即在工件原来的旋转运动 B_{12} 基础上,再附加转动 bb'。当滚刀再进给一个 f 至 c 点时,工件再附加转动 cc',使工件的 c' 点转到 c 点,依此类推,当滚刀再进给至 p 点,正好等于一个螺旋线导程 S 时,工件上的 p' 点应转到 p 点,即工件应附加转动 1 转。附加运动用 B_{22} 表示,它的方向与工件在展成运动中的旋转运动 B_{12} 方向相同或相反,这取决于工件螺旋线方向和滚刀(刀架)轴向进给方向 A_{21};如果 B_{22} 和 B_{12} 同向,调整计算时附加运动取 $+1$ 转,反之,若 B_{22} 和 B_{12} 方向相反,则取 -1 转。有上述分析可知,滚刀的轴向进给运动 A_{21} 和工件的附加运动 B_{22} 是形成螺旋线齿线所必需的运动,它们组成了复合成形运动——螺旋轨迹运动。

实现滚切斜齿圆柱齿轮所需成形运动的传动原理图如图 4-9(b)所示,其中,主运动、展成运动,以及轴向进给运动传动链与加工直齿圆柱齿轮是相同,只是在刀架与工作台之间增加了一条附加运动传动链,其表达式为

刀架(滚到移动 A_{21})—12—13—u_y—14—15—运动合成机构—6—7—u_x—8—9—工作台(工件附加运动 B_{22})

这条传动链用于保证刀架沿工作台轴线方向移动一个螺旋线导程 S 时,工件附加转过 ± 1 转,形成螺旋线齿线。显然,其是一条内联系传动链。传动链中的换置机构为 u_y 用于适应工件螺旋线导程 S 和螺旋方向的变化。由于滚切斜齿圆柱齿轮时,工件的旋转运动既要与滚刀旋转运动配合,组成形成渐开线齿廓的展成运动,又要与滚刀刀架轴向进给运动配合,形成螺旋线齿线的附加运动,所以加工时工作台的实际旋转运动是上述两个运动的合成。为使工作台能同时接收来自两条传动链的运动而不发生矛盾,就需要在传动链中配置一个运动合成机构,将两个运动合成之后再传给工作台。

3)加工蜗轮时的运动和传动原理

用蜗轮滚刀滚切蜗轮时,齿廓的形成方法及成形运动与加工圆柱齿轮是相同的,但齿线是当滚刀切至全齿深时,在展成齿廓的同时形成的。因此,滚切蜗轮需有展成运动、主运动与切入进给运动。根据切入进给方法不同,滚切蜗轮的方法有以下两种。

(1)径向进给法。径向进给法在一般滚齿机上都可进行。加工时,由滚刀旋转运动 B_{11} 和工件旋转运动 B_{12} 展成齿廓的同时,还应由滚刀或工件径向作切入进给运动 A_2 [见图 4-10(a)],使滚刀从蜗轮齿顶逐渐切入至全齿深。采用这种方法加工蜗轮时,机床的传动原理图如图 4-10(c)所示。

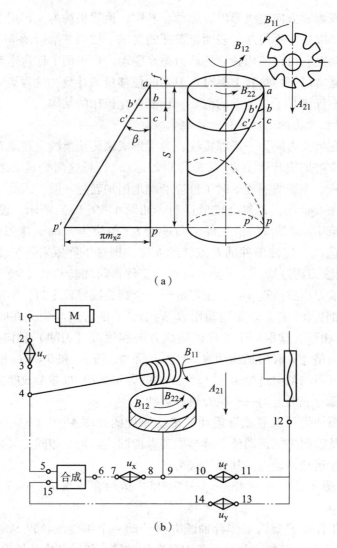

图4-9 滚切斜齿圆柱齿轮时的传动原理图
(a) 滚切斜齿圆柱齿轮示意；(b) 传动原理图

（2）切向进给法。切向进给法只有在滚刀刀架上具备切向进给溜板的滚齿机上方能进行，同时需要采用带切削锥的蜗轮滚刀［见图4-10（b）］。加工前，预先按蜗轮蜗杆副的啮合状态，调整好滚刀与工件轴线之间的距离。加工时，滚刀沿工件切线方向（即滚刀轴向）缓慢移动，完成切向进给运动，滚刀在进给过程中，先是切削锥部，继而圆柱部分逐渐切入工件，当滚刀的圆柱部分完全切入工件时（见图4-10（b）中细点画线所示位置），就切到了全齿深。加工过程中，由于滚刀沿工件切线方向移动，破坏了它和工件的正常"啮合传动"关系，所以工件必须相应地做附加旋转运动 B_{22} 与之严格配合。它们的运动关系应与蜗杆轴向移动时带动蜗轮转动一样，即滚刀切向移动一个齿距的同时，工件必须附加转动一个齿，附加运动的方向则与滚刀切向进给方向相对应。由于工件的附加运动 B_{22} 与展成运动中工件的旋转运动 B_{12} 是同时进行的，因此，滚切蜗轮与滚切斜齿圆柱齿轮相似，加工时工件的旋转运动是 B_{22} 和 B_{12} 的合成运动。在传动系统中也需要配置运动合成机构。

图 4-10（d）为用切向进给法滚切蜗轮时的传动原理图。机床的主运动及展成运动传动链与加工直齿圆柱齿轮相同。联系工作台（工件旋转运动）与滚刀切向进给溜板（滚刀移动）的传动链"7—u_f—2—1"为切向进给传动链，它是外联系传动链。联系切向进给溜板（滚刀移动 A_{21}）和工作台（工件附加旋转运动 B_{22}）的传动链"1—2—3—u_y—4—5—运动合成机构—6—u_x—7"为附加运动传动链，它是内联系传动链。展成运动和附加运动由运动合成机构合成后传给工件。

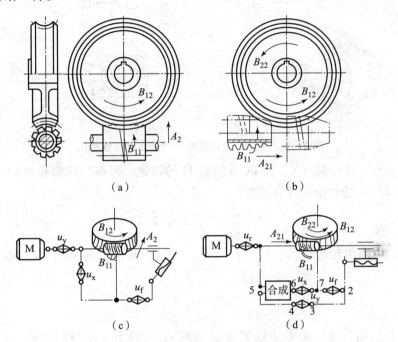

图 4-10 加工蜗轮时的传动原理图

4）滚齿机的运动合成机构

滚齿机既可用于加工直齿圆柱齿轮，又可用于加工斜齿圆柱齿轮，所以滚齿机的传动设计必须满足两者的要求。通常，滚齿机是根据加工斜齿圆柱齿轮的要求设计的。在传动系统中设有一个运动合成机构，用以将展成运动传动链中工作台的旋转运动 B_{12} 和附加运动传动链中工作台的附加旋转运动 B_{22} 合成为一个运动后传送到工作台。加工直齿圆柱齿轮时，断开附加运动传动链，同时把运动合成机构调整为一个如同"联轴器"的结构即可。

滚齿机所用的运动合成机构通常是圆柱齿轮或锥齿轮行星机构。图 4-11 为 Y3150E 型滚齿机所用的运动合成机构，由模数 $m = 3$ mm、齿数 $z = 30$、螺旋角 $\beta = 0°$ 的 4 个弧齿锥齿轮组成。机床上配有两个离合器 M_1 和 M_2，加工直齿圆柱齿轮时用 M_1，加工斜齿圆柱齿轮、大质数直齿圆柱齿轮和切向进给法加工蜗轮时用 M_2。当需要附加运动时，如图 4-11（a）所示，先在轴 X 上先装上套筒 G（用键与轴连接），再将离合器 M_2 空套在套筒 G 上。离合器 M_2 的端面齿与空套齿轮 z_y 的端面，以及转臂 H 右部套筒上的端面齿同时啮合，将它们连接在一起，因而来自刀架的附加运动可通过 z_y 传递给转臂 H。

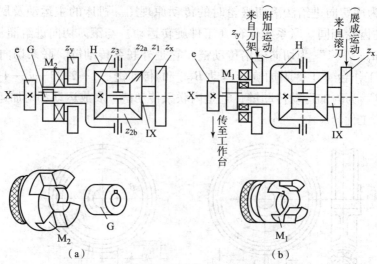

图 4-11 Y3150 型滚齿机所用的运动合成机构

设 n_X、n_{IX}、n_H 分别为轴 X、轴 IX 及转臂 H 的转速，根据行星齿轮机构传动原理，可以列出运动合成机构的传动比计算式为

$$\frac{n_X - n_H}{n_{IX} - n_H} = (-1)\frac{z_1 z_{2a}}{z_{2b} z_3}$$

式中的 (-1) 由锥齿轮传动的旋转方向确定，将锥齿轮齿数 $z_1 = z_{2a} = z_{2b} = z_3 = 30$ 代入上式，则得

$$\frac{n_X - n_H}{n_{IX} - n_H} = -1$$

进一步可得运动合成机构中传动装置的转速 n_X 与两个主动件的转速 n_{IX} 及 n_H 的关系式为

$$n_X = 2n_H - n_{IX}$$

在展成运动传动链中，来自滚刀的运动由齿轮 z_x 经运动合成机构传至轴 X，可设 $n_H = 0$，则轴 IX 与轴 X 之间传动比为

$$u_{合1} = \frac{n_X}{n_{IX}} = -1$$

在附加运动传动链中，来自刀架的运动由齿轮 z_y 传给转臂 H，再经运动合成机构传至轴 X，可设 $n_{IX} = 0$，则转臂 H 与轴 X 之间的传动比为

$$u_{合2} = \frac{n_X}{n_H} = 2$$

综上所述，加工斜齿圆柱齿轮时，展成运动和附加运动同时通过运动合成机构传动，并分别按传动比 $u_{合1} = -1$ 及 $u_{合2} = 2$ 经轴 X 和齿轮 e 传往工作台。

加工直齿圆柱齿轮时，工件不需要附加运动。这时需卸下离合器 M_2 及套筒 G，而将离合器 M_1 装在轴 X 上 [见图 4-11 (b)]。离合器 M_1 通过键与轴 X 连接，其端面齿爪只和转臂 H 的端面齿爪连接，所以此时有

$$n_H = n_X$$
$$n_X = 2n_X - n_{IX}$$

$$n_X = n_{IX}$$

展成运动传动链中轴 X 与轴 IX 之间的传动比为

$$u'_{合} = \frac{n_X}{n_{IX}} = 1$$

可见,利用运动合成机构,在滚切斜齿圆柱齿轮时,将展成运动传动链中工作台的旋转运动 B_{12} 和附加运动传动链中工作台的附加旋转运动 B_{22} 合成为一个运动后传送到工作台;而在滚切直齿圆柱齿轮时,则断开附加运动传动链,同时把运动合成机构调整成为一个如同"联轴器"形式的结构。

2. Y3150E 型滚齿机

Y3150E 型滚齿机主要用于加工直齿和斜齿圆柱齿轮。此外,使用蜗轮滚刀时,还可用手动径向进给滚切蜗轮,也可用于加工花键轴及链轮等工件。

1) 主要组成部件

Y3150E 型滚齿机外形如图 4-12 所示,其由床身 1、立柱 2、刀架溜板 3、滚刀架 5、后立柱 8 和工作台 9 等主要部件组成。立柱 2 固定在床身上。刀架溜板 3 可沿立柱导轨作垂直进给运动或快速移动。滚刀安装在刀杆 4 上,由滚刀架 5 的主轴带动作旋转主运动。滚刀架 5 可沿刀架溜板 3 的圆形导轨在 240°范围内转动,以调整滚刀的安装角度,工件安装在工作台 9 的工件心轴 7 上或直接安装在工作台 9 上,随同工作台一起作旋转运动。工作台 9 和后立柱 8 装在同一溜板上,可沿床身的水平导轨移动,以调整工件的径向位置或作手动径向进给运动。后立柱 8 上的支架 6 可通过轴套或顶尖支承工件心轴的上端,以提高心轴的刚度,使滚切过程平稳。

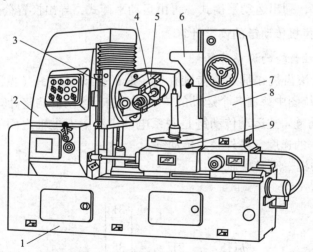

图 4-12 Y3150E 型滚齿机外形

1—床身;2—立柱;3—刀架溜板;4—刀杆;5—滚刀架;6—支架;7—工件心轴;8—后立柱;9—工作台。

Y3150E 型滚齿机,一般要求它能加工直齿、斜齿圆柱齿轮和蜗轮等,因此,其传动系统应具备下列传动链:主运动传动链、展成运动传动链、轴向进给运动传动链、附加运动传动链、径向进给运动传动链和切向进给运动传动链。其中,前四种传动链是所有滚齿机都具备的,后两种传动链只有部分滚齿机具备。此外,大部分滚齿机还具备刀架快速移动(空行程)传动链,由快速电动机直接传动刀架溜板作快速运动。

2) Y3150E 型滚齿机主要技术参数

Y3150E 型滚齿机的主要技术参数如表 4-2 所示。

表 4-2　Y3150E 型滚齿机的主要技术参数

主要技术参数	具体内容
最大工件直径/mm	500
最大加工宽度/mm	250
最大加工模数/mm	8
最少加工齿数	$5 \times k$（滚刀头数）
滚刀主轴转速及级数/(r·min^{-1})	8 级：40、50、63、80、125、160、200、250
刀架轴向进给量及级数/(mm·r^{-1})	12 级：0.4、0.56、0.63、0.87、1、1.16、1.41、1.6、1.8、2.5、2.9、4
机床外形尺寸（长×宽×高）/mm	2 439×1 272×1 770
机床质量/kg	约 3 450 kg

3) Y3150E 型滚齿机传动系统图

图 4-13 为 Y3150E 型滚齿机的传动系统图。该机床主要用于加工直齿和斜齿圆柱齿轮，也可用手动径向进给滚切蜗轮。因此，传动系统中有主运动、展成运动、轴向进给运动和附加运动四条传动链。另外，还有一条刀架快速移动（空行程）传动链。

滚齿机的传动系统比较复杂。在进行机床的运动分析时，应根据机床的传动原理图，从传动系统图中找出各条传动链的两端件及其对应的传动路线和相应的换置机构；根据传动链两端件间的计算位移，列出运动平衡式，再由运动平衡式，导出换置公式。

3. Y3150E 型滚齿机传动链的调整计算

1) 加工直齿圆柱齿轮的调整计算

根据前文讨论的滚齿机在加工直齿圆柱齿轮时的传动原理图（见图 4-8），即可从图 4-12 所示的传动系统图中找出各个运动的传动链并进行运动的调整计算。

(1) 主运动传动链。主运动传动链是联系电动机和滚刀主轴之间的传动链，由它决定形成渐开线（母线）的速度，是外联系传动链。

① 两端件：电动机—滚刀主轴。

② 传动路线表达式为

电动机 (4 kW, 1 430 r/min) — $\dfrac{\phi 115}{\phi 165}$ — I — $\dfrac{21}{42}$ — II — $\begin{bmatrix} \dfrac{31}{39} \\ \dfrac{35}{35} \\ \dfrac{27}{43} \end{bmatrix}$ — III — $\dfrac{A}{B}$ — IV — $\dfrac{28}{28}$ — V — $\dfrac{28}{28}$ — VI — $\dfrac{28}{28}$ — VII — $\dfrac{20}{80}$ — VIII（滚刀主轴）

③ 计算位移：电动机 $n_{电}$（1 430 r/min）—滚刀主轴 $n_{刀}$（r/min）。

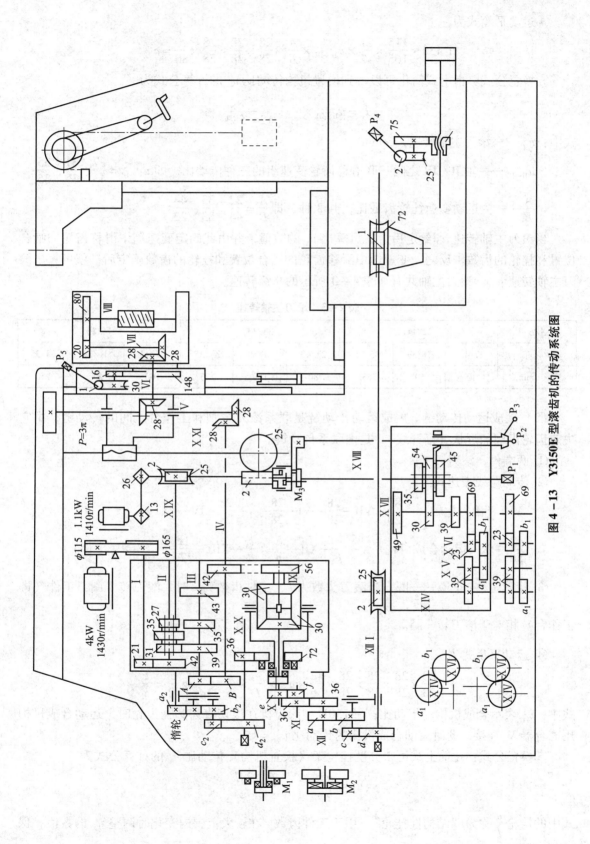

图4-13 Y3150E型滚齿机的传动系统图

④ 运动平衡式为

$$1430 \times \frac{115}{165} \times \frac{21}{42} \times u_{\text{II—III}} \times \frac{A}{B} \times \frac{28}{28} \times \frac{28}{28} \times \frac{28}{28} \times \frac{20}{80} = n_{\text{刀}}$$

⑤ 换置公式：由上式简化可以得到换置机构传动比 u_v 的计算公式为

$$u_v = u_{\text{II—III}} \times \frac{A}{B} = \frac{n_{\text{刀}}}{124.583}$$

式中：$n_{\text{刀}}$——滚刀主轴转速，r/min；

$u_{\text{II—III}}$——轴 II—III 之间三联滑移齿轮变速组的三种传动比，即 $u_{\text{II—III}} = \frac{27}{43}$、$\frac{31}{39}$、$\frac{35}{35}$；

$\frac{A}{B}$——主运动变速挂轮齿数比，共 3 种，即 $\frac{A}{B} = \frac{22}{44}$、$\frac{33}{33}$、$\frac{44}{22}$。

当滚刀主轴转速 $n_{\text{刀}}$ 给定后，就可算出 u_v 的数值，并由此确定变速箱中滑移齿轮的啮合位置和挂轮的齿数。反之，变速箱中滑移齿轮的啮合位置和挂轮的齿数确定后，就可算出滚刀主轴转速 $n_{\text{刀}}$。滚刀主轴共有如表 4-3 所示的 9 级转速。

表 4-3 滚刀主轴转速

A/B	22/44			33/33			44/22		
$u_{\text{II—III}}$	27/43	31/39	35/35	27/43	31/39	35/35	27/43	31/39	35/35
$n_{\text{刀}}/(\text{r}\cdot\text{min}^{-1})$	40	50	63	80	100	125	160	200	250

（2）展成运动传动链。展成运动传动链是联系滚刀主轴和工作台之间的传动链，由它决定齿轮齿廓的形状（渐开线），是内联系传动链。

① 两端件：滚刀—工件。

② 传动路线表达式为

$$\text{VIII（滚刀主轴）} \frac{80}{20} \text{—VII} \frac{28}{28} \text{—VI} \frac{28}{28} \text{—V} \frac{28}{28} \text{—IV—}$$

$$\frac{42}{56} \text{—IX—运动合成机构—X} \frac{e}{f} \text{—XII} \frac{a}{b} \times \frac{c}{d} \text{—XIII} \frac{1}{72} \text{—工作台（工件）}$$

③ 计算位移：1 圈—$\frac{k}{z}$ 圈。当滚刀头数为 k，工件齿数为 z 时，滚刀转 1 圈，工件（即工作台）相对于滚刀转 $\frac{k}{z}$ 圈。

④ 运动平衡式为

$$1 \times \frac{80}{20} \times \frac{28}{28} \times \frac{28}{28} \times \frac{28}{28} \times \frac{42}{56} \times u_{\text{合}} \times \frac{e}{f} \times \frac{a}{b} \times \frac{c}{d} \times \frac{1}{72} = \frac{k}{z}$$

式中：$u_{\text{合}}$ 表示合成机构的传动比；Y3150E 型滚齿机在滚切直齿圆柱齿轮时，运动合成机构用离合器 M_1 连接，此时运动合成机构的传动比 $u_{\text{合}} = 1$。

⑤ 换置公式：化简上式可得分度挂轮架（换置机构）传动比 u_x 的计算公式为

$$u_x = \frac{a}{b} \times \frac{c}{d} = \frac{f}{e} \times \frac{24k}{z}$$

式中的挂轮 $\frac{e}{f}$ 称为"结构性挂轮"，用于工件齿数 z 在较大范围内变化时调整 u_x 的数值，保证其分子、分母相差倍数不致过大,从而使挂轮架结构紧凑。根据 $\dfrac{z}{k}$ 值,挂轮 $\dfrac{e}{f}$ 可以有如下选择:

当 $5 \leqslant \dfrac{z}{k} \leqslant 20$ 时,取 $e=48$,$f=24$;

当 $21 \leqslant \dfrac{z}{k} \leqslant 142$ 时,取 $e=36$,$f=36$;

当 $143 \leqslant \dfrac{z}{k}$ 时,取 $e=24$,$f=48$。

(3) 轴向进给运动传动链。轴向进给传动链是联系工作台与刀架间的传动链。该传动链只影响形成齿线的快慢而不影响齿线(直线)的轨迹,它是一条外联系传动链。

① 两端件:工作台(工件转动)—刀架(滚刀移动)。

② 传动路线表达式为

$$\text{工作台(工件)} - \dfrac{72}{1} - \text{XIII} - \dfrac{2}{25} - \text{XIV} - \dfrac{39}{39} - \text{XV} - \dfrac{a_1}{b_1} - \text{XVI} - \dfrac{23}{69}$$

$$-\text{XVII} - \begin{bmatrix} \dfrac{49}{35} \\ \dfrac{30}{54} \\ \dfrac{39}{45} \end{bmatrix} - \text{XVIII} - M_3 - \dfrac{2}{25} - \text{XXI}(\text{刀架轴向进给丝杠})$$

③ 计算位移:1 圈—f(单位为 mm)。即工作台每转 1 圈时,刀架进给 f(单位为 mm)。

④ 运动平衡式为

$$1 \times \dfrac{72}{1} \times \dfrac{2}{25} \times \dfrac{39}{39} \times \dfrac{a_1}{b_1} \times \dfrac{23}{69} \times u_{\text{XII-XIII}} \times \dfrac{2}{25} \times 3\pi = f$$

⑤ 换置公式:将上式化简整理可得出换置机构(进给箱)传动比 u_f 的计算公式为

$$u_f = \dfrac{a_1}{b_1} \times u_{\text{进}} = \dfrac{f}{0.460\,8 \times \pi}$$

式中:f——轴向进给量,单位为 mm/r,根据工件材料、加工精度及表面粗糙度等条件选定;

$\dfrac{a_1}{b_1}$——轴向进给挂轮;

$u_{\text{XVII-XVIII}}$——进给箱中轴 XVII—XVIII 之间的滑移齿轮变速组的 3 种传动比,分别为 $\dfrac{30}{54}$、$\dfrac{39}{45}$ 和 $\dfrac{49}{35}$。

当轴向进给量 f 值确定后,可从表 4-4 中查出进给挂轮齿数和轴向进给量。

表 4-4 进给挂轮齿数和轴向进给量

a_1/b_1	26/52			32/46			46/32			52/26		
$u_{\text{XVII-XVIII}}$	30/54	39/45	49/35	30/54	39/45	49/35	30/54	39/45	49/35	30/54	39/45	49/35
$f/(\text{mm} \cdot \text{r}^{-1})$	0.4	0.63	1	0.56	0.87	1.41	1.16	1.8	2.9	1.6	2.5	4

例 4.1 在 Y3150E 型滚齿机上粗切一直齿轮,该齿轮和参数有 $m=2$、$z=30$、材料为 45 钢、$\beta=0°$。选用单头右旋滚刀,$\gamma=2°19'$、$D_刀=55$ mm,试计算:滚刀安装角度 δ 及速度交换齿轮 $\dfrac{A}{B}$ 和分齿交换齿轮 $\dfrac{a}{b}\times\dfrac{c}{d}$ 的确定。

解: 具体计算过程如下。

① 滚刀安装角度。因为直齿轮的螺旋角 $\beta=0°$,所以滚刀安装角度为:$\delta=\gamma=2°19'$。

② 主运动链中速度交换齿轮 $\dfrac{A}{B}$ 的选择。因为工件材料为 45 钢,且为粗加工,由切削手册查得切削速度为 $v_0=28$ m/min。利用公式 $n_0=\dfrac{1\,000\,v_0}{\pi D_0}$,将 $v_0=28$、$D_0=55$ 代入式中则有

$$n_0=\dfrac{1\,000\times 28}{\pi\times 55}=156\text{ r/min}$$

由主运动传动链换置公式 $u_v=u_{I-III}\times\dfrac{A}{B}=\dfrac{n_刀}{124.583}=\dfrac{156}{124.583}=1.25$,其中 $u_{I-III}=\dfrac{27}{34}$,$\dfrac{31}{39}$,$\dfrac{35}{35}$;$\dfrac{A}{B}=\dfrac{22}{44}$,$\dfrac{33}{33}$,$\dfrac{44}{22}$。

由机床说明书选取 $\dfrac{A}{B}=\dfrac{44}{22}$,则 $u_{I-III}=\dfrac{27}{34}$。因为该传动链为外联系传动链,两端件之间无严格传动比要求,所选配齿轮可用。

③ 展成运动传动链中分齿交换齿轮 $\dfrac{a}{b}\times\dfrac{c}{d}$ 的选择。因为被加工齿轮齿数为 $z=30$,由 $21\leq\dfrac{z}{k}\leq 142$,选取结构交换齿轮为 $\dfrac{e}{f}=\dfrac{36}{36}$。将 $\dfrac{e}{f}=\dfrac{36}{36}$ 代入展成运动传动链换置公式 $u_x=\dfrac{a}{b}\times\dfrac{c}{d}=\dfrac{f}{e}\times\dfrac{24k}{z}$,可得 $u_x=\dfrac{a}{b}\times\dfrac{c}{d}=\dfrac{4}{5}\times\dfrac{24}{60}=\dfrac{46}{23}$。该传动链为内联系传动链,所选分齿交换齿轮无传动比误差,可满足要求。

2) 加工斜齿圆柱齿轮的调整计算

(1) 主运动传动链。主运动传动链的调整计算与加工直齿圆柱齿轮时相同。

(2) 展成运动传动链。展成运动的传动路线以及两端件的计算位移都和加工直齿圆柱齿轮时相同。但此时,运动合成机构的作用不同,在轴 X 上安装套筒 G 和离合器 M_2,其在展成运动传动链中的传动比 $u_{合1}=-1$,代入运动平衡式后得出的换置公式为

$$u_x=\dfrac{a}{b}\times\dfrac{c}{d}=-\dfrac{f}{e}\times\dfrac{24k}{z}$$

式中:z 表示被加工齿轮的齿数;负号说明展成运动链中轴 X 与轴 IX 的转向相反,而在加工直齿圆柱齿轮时,是要求两轴的转向相同(换置公式中符号应为正)。因此,在调整展成运动挂轮 u_x 时,必须按机床说明书规定配加惰轮,以消除"-"的影响。为叙述方便,以下有关斜齿圆柱齿轮展成运动传动链的计算,均已考虑配加惰轮,故都取消"-"号。

(3) 轴向进给运动传动链。轴向进给传动链及其调整计算和加工直齿圆柱齿轮相同。

(4) 附加运动传动链。附加运动传动链是联系刀架直线移动(即轴向进给)和工作台附加旋转运动之间的传动链。其作用是保证刀架下移工件螺旋线一个导程 S 时,工件在展成

运动的基础上必须再附加（多转或少转）转动一圈。

① 两端件：刀架—工作台（工件）。

② 传动路线表达式为：

（刀架轴向进给丝杠）XXI—$\dfrac{2}{25}$—M_3—XVIII—$\dfrac{2}{25}$—XIX—$\dfrac{a_2}{b_2}\times\dfrac{c_2}{d_2}\times\dfrac{36}{72}$—$M_2$—运动合成机构—X—$\dfrac{e}{f}$—XIII—$\dfrac{1}{72}$—工作台（工件）

③ 计算位移：S（单位为 mm）— ± 1（转）。刀架轴向移动一个螺旋线导程 S 时，工件应附加转过 ± 1 转。

④ 运动平衡式：将计算位移代入传动路线表达式，得到该传动链的运动平衡式为

$$\frac{S}{3\pi}\times\frac{25}{2}\times\frac{2}{25}\times\frac{a_2}{b_2}\times\frac{c_2}{d_2}\times\frac{36}{72}\times u_{合2}\times\frac{e}{f}\times\frac{a}{b}\times\frac{c}{d}\times\frac{1}{72}=\pm 1$$

式中：3π——轴向进给丝杠的导程，mm；

$u_{合2}$——运动合成机构在附加运动传动链中的传动比，$u_{合2}=2$；

$\dfrac{a}{b}\times\dfrac{c}{d}$——展成运动传动链挂轮的传动比，$\dfrac{a}{b}\times\dfrac{c}{d}=\dfrac{f}{e}\times\dfrac{24k}{z}$；

S——被加工斜齿轮螺旋线的导程，$S=\dfrac{\pi m_n z}{\sin\beta}$；

m_n——被加工齿轮法向模数，mm；

β——被加工齿轮的螺旋角；

⑤ 换置公式：整理运动平衡式后得

$$u_y=\frac{a_2}{b_2}\times\frac{c_2}{d_2}=\pm 9\frac{\sin\beta}{m_n k}$$

对于附加运动传动链的运动平衡式和换置公式，分析如下。

① 附加运动传动链是形成螺旋线的内联系传动链，其传动比数值的精确度，直接影响工件轮齿的齿向精度，所以挂轮的传动比应配算准确。但是，换置公式中包含有无理数 $\sin\beta$，这就给精确配算挂轮 $\dfrac{a_2}{b_2}\times\dfrac{c_2}{d_2}$ 带来困难，因为挂轮个数有限，且与展成运动共用一套挂轮。为保证展成运动挂轮的传动比绝对准确，一般先选定展成运动挂轮，剩下的挂轮供附加运动传动链中的挂轮选择，故无法配算得非常准确，其配算结果和计算结果之间的误差，对于 8 级精度的斜齿轮，要精确到小数点后的四位数字（即小数点后第五位才允许有误差），对于 7 级精度的斜齿轮，要精确到小数点后第五位数字，才能保证不超过精度标准中规定的齿向允差。

② 运动平衡式中，不仅包含了 u_y 而且包含有 u_x，这样的设置方案，可使附加运动传动链换置公式中不包含工件齿数这个参数，也就是说附加运动的挂轮配算与工件的齿数 z 无关。这样做的好处在于：一对互相啮合的斜齿轮（平行轴传动），由于其模数相同，螺旋角绝对值也相同，当用一把滚刀加工这一对斜齿轮时，即使这对齿轮的齿数不同，仍可用相同的附加运动挂轮。而且只需计算和调整挂轮一次。更重要的是，由于附加运动挂轮近似配算所产生的螺旋角误差，对两个斜齿轮是相同的，因此两个斜齿轮仍可获得良好的啮合。

3) 滚切齿数大于100的质数直齿圆柱齿轮的调整计算

滚齿机加工齿轮时，是根据被加工齿轮的齿数来计算展成运动传动链中分齿挂轮齿数的。在Y3150E型滚齿机上，分齿挂轮的换置公式为

$$\frac{a}{b} \times \frac{c}{d} = \frac{24k}{z} \quad （当21 \leqslant z \leqslant 142时）$$

$$\frac{a}{b} \times \frac{c}{d} = \frac{48k}{z} \quad （当z \geqslant 143时）$$

当被加工齿轮的齿数 z 为质数时，由于质数不能分解因子，因此挂轮 b 或 d 必须有一个齿轮的齿数等于这个质数 z 或等于 z 的整倍数。由于一般滚齿机只具备齿数小于100的质数的挂轮（Y3150E型滚齿机也是如此），所以加工齿数小于100的质数齿轮时可以选用到合适齿数的交换齿轮，但对齿数大于100的质数齿轮（如101、103、107……），则因选不到齿数合适的挂轮而无法加工，这时，必须采用其他方法，如利用运动合成的方法，来完成对齿数大于100的质数齿轮的加工。

(1) 工作原理。如前所述，加工直齿圆柱齿轮时，展成运动传动链两端件的计算位移为：滚刀每转1圈—工件转 $\frac{k}{z}$ 圈。由于 z 是大于100的质数，挂轮中没有合适的齿数可选用，因此先选择一接近于所需加工齿数 z 的数值 z_0，并以 z_0 来调整展成运动传动链（z_0 应该是能够利用机床现有挂轮的数值）。这时，展成运动传动链两端件的运动关系改变为：滚刀每转1圈—工件转过 $\frac{k}{z_0}$ 圈。因而，在展成运动过程中，滚刀每转一圈时，工件的运动误差为 $\left(\frac{k}{z} - \frac{k}{z_0}\right)$ 圈。为了补偿这一误差，可通过附加运动传动链，在工件转 $\frac{k}{z}$ 圈过程中，使工件得到附加的 $\left(\frac{k}{z} - \frac{k}{z_0}\right)$ 圈，从而加工出齿数为 z 的直齿圆柱齿轮。此处的附加运动传动链，其两端件为：工作台（工件转动）—工作台（工件附加转动），传动路线表达式［见图4-9（b）］为

9—10—u_f—11—13—u_y—14—15—运动合成机构—6—7—u_x—8—9

(2) 传动链的调整计算。

① 主运动传动链。机床主运动传动链的调整与通常加工直齿圆柱齿轮时相同。

② 轴向进给运动传动链。调整计算也与通常加工直齿圆柱齿轮相同。

③ 展成运动传动链。由于加工齿数大于100的质数齿轮时，展成运动传动链两端件的计算位移改变为：滚刀每转一圈，工件转 $\frac{k}{z_0}$ 圈。其运动平衡式为

$$1 \times \frac{80}{20} \times \frac{28}{28} \times \frac{28}{28} \times \frac{28}{28} \times \frac{42}{56} \times u_{合1} \times \frac{e}{f} \times \frac{a}{b} \times \frac{c}{d} \times \frac{1}{72} = \frac{k}{z_0}$$

将 $u_{合1} = -1$ 代入上式，可得换置公式

$$u_x = \frac{a}{b} \times \frac{c}{d} = -\frac{f}{e}\frac{24k}{z_0}$$

$z \leqslant 142$ 时，取 $\frac{e}{f} = \frac{36}{36}$，$u_x = \frac{a}{b} \times \frac{c}{d} = -\frac{24k}{z_0}$；

$z \geqslant 143$ 时，取 $\dfrac{e}{f} = \dfrac{24}{48}$，$u_x = \dfrac{a}{b} \times \dfrac{c}{d} = -\dfrac{48k}{z_0}$。

④ 附加运动传动链。附加运动传动链的两端件为：工作台—工作台；计算位移是：工作台转 $\dfrac{k}{z}$ 圈，工作台附加转 $\left(\dfrac{k}{z} - \dfrac{k}{z_0}\right)$ 圈。其运动平衡式为

$$\dfrac{k}{z} \times \dfrac{72}{1} \times \dfrac{2}{25} \times \dfrac{39}{39} \times \dfrac{a_1}{b_1} \times \dfrac{23}{69} u_{\text{XVII-XVIII}} \times \dfrac{2}{25} \times \dfrac{a_2}{b_2} \times \dfrac{c_2}{d_2} \times \dfrac{36}{72} \times u_{\text{合2}} \dfrac{e}{f} \times \dfrac{a}{b} \times \dfrac{c}{d} \times \dfrac{1}{72} = \dfrac{k}{z} - \dfrac{k}{z_0}$$

式中：$u_{\text{合2}} = 2$，$\dfrac{a}{b} \times \dfrac{c}{d} = -\dfrac{f}{e} \dfrac{24k}{z_0}$，$\dfrac{a_1}{b_1} u_{\text{XVII-XVIII}} = u_f = \dfrac{f}{0.460\,8\pi}$。将这些公式代入运动平衡式，经整理后得

$$u_y = \dfrac{a_2 c_2}{b_2 d_2} = \dfrac{9\pi(z_0 - z)}{fk}$$

式中：z_0——所选的接近被加工齿数 z 的数值（z 与 z_0 的差值为任意一个很小的数，可正可负，通常取差值为 $\dfrac{1}{5} \sim \dfrac{1}{50}$）；

f——刀架轴向进给量，mm/r。

这里应注意的是，当刀架轴向进给量 f 选定后，u_f 值即已确定（$u_f = \dfrac{f}{0.460\,8\pi}$），不得再次更改刀架轴向进给量 f，否则将会改变附加运动传动链的传动比。如确需改变刀架轴向进给量时，应重新计算并调整附加运动传动链的传动比。

工件附加运动的方向与所选定的 z_0 大小有关。当 $z_0 > z$ 时，由于 $\dfrac{k}{z_0} < \dfrac{k}{z}$，造成被加工齿轮的转速较所需的转速慢，此时应通过附加运动使其加快一些以达到所需转速，所以附加运动的方向与展成运动的方向相同；反之，若 $z_0 < z$，则两运动方向相反。

例 4.2 已知被加工齿轮齿数为 103，滚刀头数 $k = 1$，轴向进给量 $f = 1.41$ mm/r。求在 Y3150E 型滚齿机上加工时，展成运动和附加运动挂轮的齿数。

解： 具体计算过程如下。

① 计算展成运动挂轮。选定 $z_0 = 103 + \dfrac{1}{25}$，并取挂轮 $e = 36$，$f = 36$。

将其代入展成运动传动链换置公式，得

$$u_x = \dfrac{a}{b} \times \dfrac{c}{d} = -\dfrac{24k}{z_0} = -\dfrac{24 \times 1}{103 + \dfrac{1}{25}} = -0.232\,919\,254$$

查挂轮选用表，选取挂轮齿数为

$$\dfrac{a}{b} \times \dfrac{c}{d} = \dfrac{30 \times 25}{46 \times 70} \quad (= 0.232\,919\,254)$$

② 计算附加运动挂轮。题中给定的进给量 $f = 1.41$ mm/r 是标称值，按此标称值查机床说明书，得 $u_f = \dfrac{a_1}{b_1} u_{\text{XVII-XVIII}} = \dfrac{32}{46} \times \dfrac{49}{35}$，据此可计算出机床实际轴向进给量 f' 为

$$f' = 0.460\,8\,\pi u_f = 0.460\,8\,\pi \times \dfrac{32}{46} \times \dfrac{49}{35} = 1.409\,881\,219 \text{ mm/r}$$

以 f' 代替 f 代入附加运动传动换置公式，可减少计算误差。

现将 f'、z、z_0 和 k 的数值代入附加运动传动链换置公式，得

$$u_y = \frac{a_2}{b_2} \times \frac{c_2}{d_2} = \frac{9\pi(z_0-z)}{f'k} = \frac{9\pi(103+\frac{1}{25}-103)}{1.409\,881\,219 \times 1} = 0.802\,176\,339$$

选择挂轮齿数为

$$\frac{a_2}{b_2} \times \frac{c_2}{d_2} = \frac{41}{25} \times \frac{45}{92} \quad (=0.802\,173\,913)$$

误差为 -2.43×10^{-6}，其值很小。故所选的附加运动挂轮可以使用。

由于本例取 $z_0 > z$，附加运动方向应与展成运动方向相同。

4）加工蜗轮的调整计算

在滚齿机上滚切蜗轮时，蜗轮滚刀的轴线应位于被加工蜗轮的中心平面内，刀架不需转动角度。所使用的蜗轮滚刀的头数，要与工作蜗杆的头数相等。蜗轮轮齿表面的成形方法和所需的成形运动与滚切圆柱齿轮时相同，也需要展成运动、主运动与切入进给运动。但滚切蜗轮时的切入进给运动与滚切齿轮时轴向切入进给不同，蜗轮滚刀的切入进给只能作相对于被加工蜗轮的径向进给或切向进给。

用径向进给法加工蜗轮时，除需要滚刀旋转的主运动和工件旋转的展成运动外，还需要径向切入，传动原理图如图 4-10（b）所示。径向进给法加工蜗轮的特点是进给行程小，生产率高，但轮齿两端易产生顶切现象；加工时机床不需切向进给溜板，可在一般滚齿机上进行。

用切向进给法加工蜗轮，应预先调整蜗轮滚刀与被加工蜗轮的中心距，使其等于蜗杆蜗轮啮合的中心距，并且加工中始终保持不变。加工时，应使用带有切削锥的蜗轮滚刀，沿被加工蜗轮的切线方向进给，依靠蜗轮滚刀的切削锥逐渐切至全齿深。由于滚刀的切向进给运动使滚刀旋转与工件旋转的展成运动关系发生了变化，为了保证准确的展成运动关系，在滚刀切向进给一个齿距的同时，使工件附加转 $1/z$ 圈，附加运动的方向与滚刀切向进给方向相一致。附加运动的两端件是切向进给溜板和工作台，因此，切向进给法加工蜗轮与加工斜齿圆柱齿轮类似，由传动系统中的运动合成机构将展成运动与附加运动合成后传给工作台。图 4-10（d）所示为切向进给法加工蜗轮时的机床传动原理图。切向进给法加工蜗轮的主要特点是加工过程中中心距保持不变，容易准确调整；滚刀粗切和精切刀齿不同，加工精度可长期保持；由于切向进给法中参与滚切同一轮齿的刀齿数目比径向进给法多，因此，齿廓精度较高，表面粗糙度值小，但进给行程较长，生产率低，且滚齿机的刀架必须有切向进给溜板。

5）刀架快速移动传动路线

利用快速电动机可使刀架作快速升降运动，以便调整刀架位置及在进给前后实现快进和快退。此外，在加工斜齿圆柱齿轮时，起动快速电动机，可经附加运动传动链传动工作台旋转，以便检查工作台附加运动的方向是否正确。如图 4-13 所示，刀架快速移动传动链的传动路线为：

快速电动机（1.1 kW，1 410 r/min）$\frac{13}{26}$—XVIII—M_3—$\frac{2}{25}$—XXI（刀架轴向进给丝杠）

刀架快速移动的方向可通过控制快速电动机的旋转方向来变换。在Y3150E型滚齿机上，起动快速电动机之前，必须先将操纵手柄P_3放于"快速移动"位置上，此时轴XVIII上的三联滑移齿轮处于空挡位置，脱开轴XVII和轴XVIII之间的传动联系，同时接通离合器M_3，此时方能起动快速电动机。

使用快速电动机时，主电动机是否起动与此无关，因为这两个电动机是分别属于两个独立的运动。以滚切斜齿圆柱齿轮第一刀切削完毕，滚刀快速退回为例，此时如主电动机仍然转动，则刀架带着以B_{11}旋转的滚刀退回，而工件以$(B_{12}+B_{22})$的合成运动转动；如主电动机停止转动，那么快退时，刀架上的滚刀不转，但工作台上的工件仍还在转动，只不过是由附加运动传动链传来的B_{22}使工件转动。在加工斜齿圆柱齿轮的整个过程中，展成运动传动链和附加运动传动链均不可脱开。例如，第一刀初切完毕后，需将刀架快速向上退回以便进行第二刀切削时，绝不可脱开展成运动传动链和附加运动传动链中的挂轮或离合器，以保证滚刀仍按原来的螺旋线轨迹退回，避免工件产生乱牙或斜齿轮被破坏等现象，损坏刀具及机床。

4. 滚刀刀架结构和滚刀的安装调整

1) 滚刀刀架的结构

滚刀刀架的作用是支撑滚刀主轴，并带动安装在主轴上的滚刀作沿工件轴向的进给运动。由于在不同加工情况下，滚刀旋转轴线需对工件旋转轴线保持不同的相对位置，或者说滚刀需有不同的安装角度，所以，通用滚齿机的滚刀刀架都由刀架体和刀架溜板两部分组成。装有滚刀主轴的刀架体可相对刀架溜板转一定的角度，以便使主轴旋转轴线处于所需位置，刀架溜板则可沿立柱导轨做直线运动（参见图4-13）。

图4-14为Y3150E型滚齿机滚刀刀架的结构。刀架体1用装在环形T形槽内的六个螺钉4固定在刀架溜板（图中未标出）上。调整滚刀安装角时，应先松开螺钉4，然后用扳手转动刀架溜板上的操作手柄P_5（见图4-13），经蜗杆蜗轮副$\frac{1}{30}$及齿轮z16带动固定在刀架体上的齿轮z148，使刀架体1回转至所需的滚刀安装角。调整完毕后，应重新拧紧螺钉4上的螺母。

主轴14前（左）端用内锥外圆的滑动轴承13支承，以承受径向力，并用两个推力球轴承11承受轴向力。主轴后（右）端通过铜套8及花键套筒9支承在两个圆锥滚子轴承6上。当主轴前端的滑动轴承13磨损引起主轴径向圆跳动超过允许值时，可拆下垫片10及12，磨去相同的厚度，直到调配至符合要求为止。如需调整主轴的轴向窜动，则只要将垫片10适当磨薄即可。安装滚刀的刀杆[见图4-14（b）]用锥柄安装在主轴前端的锥孔内，并用拉杆7将其拉紧。刀杆左端支承在支架16上的内锥套支承孔中，支架16可在刀架体上沿主轴轴线方向调整位置，并用压板固定在所需位置上。

安装滚刀时，为使滚刀的刀齿（或齿槽）对称于工件的轴线，以保证加工出的齿廓两侧齿面对称，另外，为使滚刀的磨损不过于集中在局部长度上，而是沿全长均匀地磨损以提高其使用寿命，都需调整滚刀轴向位置，这就是所谓串刀。调整时，先松开螺钉2（见图4-14），然后用手柄转动方头轴3，通过方头轴3上的齿轮和主轴套筒上的齿条带动主轴套筒连同滚刀主轴一起轴向移动。调整合适后，应拧紧螺钉2。Y3150E型滚齿机滚到最大串刀范围为55 mm。

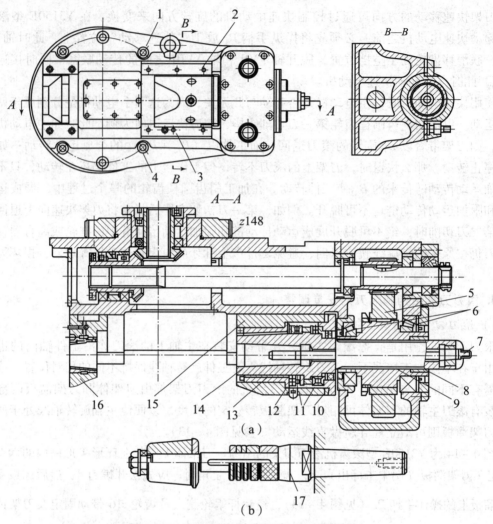

图 4-14 Y3150E 型滚齿机滚刀刀架的结构

1—刀架体；2、4—螺钉；3—方头轴；5—齿轮；6—圆锥滚子轴承；7—拉杆；
8—铜套；9—花键套筒；10、12—垫片；11—推力球轴承；13—滑动轴承；
14—主轴；15—轴承座；16—支架。

2）滚刀安装角的调整

滚齿时，为了切出准确的齿廓，应使滚刀和工件处于准确的"啮合"位置，即滚刀在切削点的螺旋线方向应与被加工齿轮齿槽方向一致。为此，须将滚刀轴线与工件端面安装成一定的角度，即为安装角，用 δ 表示。图 4-15 所示为滚切斜齿圆柱齿轮时滚刀轴线的偏转情况，其安装角 δ 为

$$\delta = \beta \pm \omega$$

式中：β——被加工齿轮的螺旋角；
  ω——滚刀的螺旋升角。

上式中，当被加工的斜齿圆柱齿轮与滚刀的螺旋线方向相反时取"+"号，螺旋线方向相同时取"−"号。滚切斜齿圆柱齿轮时，应尽量采用与工件螺旋线方向相同的滚刀，使滚刀安装角较小，有利于提高机床运动平稳性及加工精度。

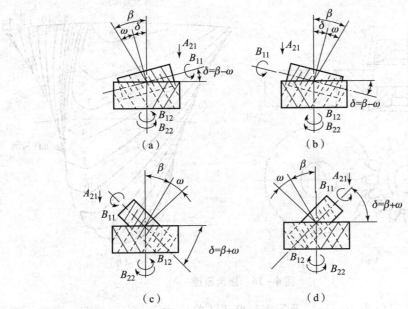

图 4-15 滚刀的安装角

当加工直齿圆柱齿轮时，因 $\beta=0°$，所以滚刀的安装角 δ 为

$$\delta = \pm \omega$$

这说明在滚齿机上切削直齿圆柱齿轮时，滚刀的轴线也是倾斜的，与水平面成 ω 角（对立式滚齿机而言），倾斜方向则决定于滚刀的螺旋线方向。

三、其他类型齿轮加工机床

1. 插齿机

常用的圆柱齿轮加工机床除滚齿机外，还有插齿机。插齿机主要用于加工直齿圆柱齿轮，特别适宜加工在滚齿机上不能加工的内齿轮和多联齿轮。装上附件，插齿机还能加工齿条，但插齿机不能加工蜗轮。

1）插齿机的工作原理

插齿机是按展成法原理来加工齿轮的。插齿刀实质上是一个端面磨有前角，齿顶及齿侧均磨有后角的齿轮［见图 4-16（a）］。插齿时，插齿刀沿工件轴向作直线往复运动以完成切削主运动。在刀具和工件轮坯作"无间隙啮合运动"的过程中，轮坯上渐渐切出齿廓。加工过程中，刀具每往复一次，仅切出工件齿槽的一小部分，齿廓曲线是在插齿刀切削刃多次相继的切削中，由切削刃各瞬时位置的包络线所形成的［见图 4-16（b）］。

2）插齿机的工作运动

加工直齿圆柱齿轮时，插齿机应具有如下运动。

（1）主运动。插齿机的主运动是插齿刀沿其轴线（即沿工件的轴向）所作的直线往复运动。在一般立式插齿机上，刀具垂直向下时为工作行程，向上为空行程。主运动以插齿刀每分钟的往复行程次数来表示。

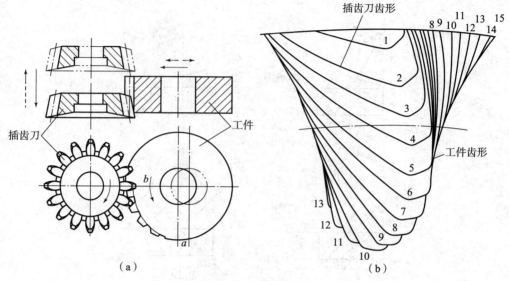

图 4-16 插齿原理

若切削速度 v（单位为 m/min）及行程长度 L（单位为 mm）已确定，可按下式计算出插齿刀每分钟往复行程数，即

$$n_刀 = \frac{1\,000v}{2L}$$

（2）展成运动。加工过程中，插齿刀和工件必须保持一对圆柱齿轮的啮合运动关系，即在插齿刀转过一个齿时，工件也转过一个齿。工件与插齿刀所作的啮合旋转运动即为展成运动。

（3）圆周进给运动。圆周进给运动是插齿刀绕自身轴线的旋转运动，其旋转速度的快慢决定了工件转动的快慢，也直接关系到插齿刀的切削负荷、被加工齿轮的表面质量、机床生产率和插齿刀的使用寿命。圆周进给运动的大小，即圆周进给量，用插齿刀每往复行程一次，刀具在分度圆圆周上所转过的弧长来表示。显然，降低圆周进给量将会增加形成齿槽的刀刃切削次数，从而提高齿廓曲线的精度。

（4）径向切入运动。开始插齿时，如插齿刀立即径向切入工件至全齿深，将会因切削负荷过大而损坏刀具和工件。为了避免这种情况，工件应逐渐地向插齿刀作径向切入。如图 4-16（a）所示，开始加工时，工件外圆上的 a 点与插齿刀外圆相切，在插齿刀和工件作展成运动的同时，工件相对于刀具作径向切入运动。当刀具切入工件至全齿深后（至 b 点），径向切入运动停止。然后工件再旋转一圈，便能加工出全部完整的齿廓。径向进给量是以插齿刀每次往复行程，工件或刀具径向切入的距离来表示。根据工件的材料、模数和精度等条件，也可采用两次和三次径向切入方法，即刀具切入工件全齿深，可分两次或三次进行。每次径向切入运动结束后，工件都要转一圈。

（5）让刀运动。插齿刀向上运动（空行程）时，为了避免擦伤工件齿面和减少刀具磨损，刀具和工件间应让开一小段距离（一般为 0.5 mm 的间隙），而在插齿刀向下开始工作行程之前，又迅速恢复到原位，以便刀具进行下一次切削，这种让开和恢复原位的运动称为让刀运动。插齿机的让刀运动可以由安装工件的工作台移动来实现，也可由刀具主轴摆动得到。由于工件和工作台的惯量比刀具主轴大，由让刀运动产生的振动也大，不利于提高切削速度，所以新型的插齿机（如Y5132）普遍采用刀具主轴摆动来实现让刀运动。

3）插齿机的传动原理

插齿机的传动原理如图4-17（a）所示。图中表示了3个成形运动的传动链。

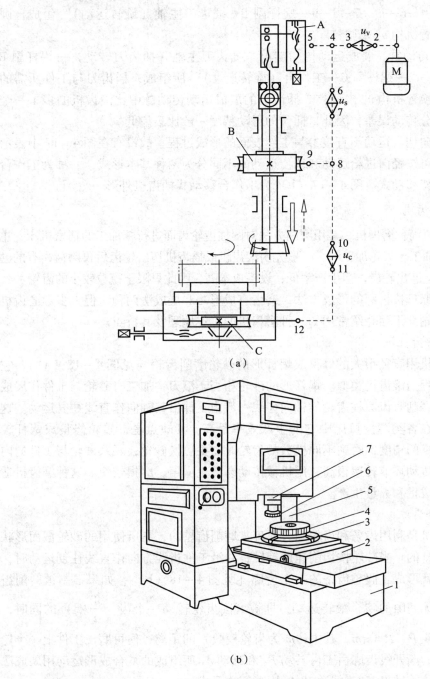

图 4-17 插齿机工作原理和外形

1—床身；2—床鞍；3—工作台；4—工件；5—立柱；6—插齿刀；7—主轴。

(1) 主运动传动链。主运动传动链由"电动机 M—1—2—u_v—3—4—5—曲柄偏心盘 A—插齿刀主轴（往复直线运动）"组成，曲柄偏心盘 A 将旋转运动转换成往复直线运动，每分钟的往复次数由换置机构 u_v 调整。

(2) 圆周进给运动传动链。圆周进给运动传动链由"插齿刀主轴（往复直线运动）—曲柄偏心盘 A—5—4—6—u_s—7—8—9—蜗杆副 B—插齿刀主轴（旋转运动）"组成，圆周进给量的大小由换置机构 u_s 来调整。

(3) 展成运动传动链。展成运动传动链由"插齿刀主轴（插齿刀转动）—蜗杆副 B—9—8—10—u_c—11—12—蜗杆副 C—工作台（旋转运动）"所组成，插齿刀与工件所需的准确相对运动关系由换置机构 u_c 来调整。插齿机的展成运动传动链中比滚齿机的多了一个蜗杆副，即多了一部分传动误差，因此，插齿的运动精度一般比滚齿低。

让刀运动及径向切入运动不直接参与工件表面的形成过程，故没有在图 4-17 中表示。

插齿机的布局可按径向进给运动和调位运动的不同分为两种基本形式，一种为工作台移动式，另一种为刀架移动式。图 4-17（b）为工作台移动式插齿机外形。

2. 圆柱齿轮磨齿机

圆柱齿轮磨齿机简称磨齿机，是用磨削方法对圆柱齿轮齿面进行精加工的精密机床，主要用于淬硬齿轮的精加工。齿轮加工时，一般先由滚齿机或插齿机切出轮齿后再磨齿，有的磨齿机也可直接在齿坯上磨出轮齿，但生产率低，设备成本高，因此只限于模数较小的齿轮。

磨齿机的工作原理按齿廓的形成方法，磨齿有成形法和展成法两种，但大多数磨齿机均以展成法来加工齿轮。下面介绍常用的几种磨齿机的工作原理及其特点。

1) 蜗杆砂轮磨齿机

蜗杆砂轮磨齿机用直径很大的修整成蜗杆形的砂轮磨削齿轮 [见图 4-18（a）]，它的工作原理和加工过程与滚齿机类似。蜗杆形的砂轮相当于滚刀，加工时砂轮与工件作展成运动，磨出渐开线。磨削直齿圆柱齿轮的轴向齿线一般由工件沿其轴向作直线往复运动。这种机床能连续磨削，在各类磨齿机床中它的生产效率最高。其缺点是，砂轮修整成蜗杆较困难，且不易得到很高的精度，磨削不同模数的齿轮时需要更换砂轮；联系砂轮与工件的内联系传动链中的各个传动环节转速很高，用机械传动易产生噪声，磨损较快。这种磨齿机适用于中小模数齿轮的成批和大量生产。

2) 锥形砂轮磨齿机

锥形砂轮磨齿机是利用齿条和齿轮啮合原理来磨削齿轮的，它所使用的砂轮截面形状是按照齿条的齿廓修整的。当砂轮按切削速度旋转，并沿工件齿线方向作直线往复运动时，砂轮两侧锥面的母线就形成了假想齿条的一个齿廓 [见图 4-18（b）]，如果强制被磨削齿轮在此假想齿条上作无间隙的啮合滚转运动，即被磨削齿轮转动一个齿（$\frac{1}{z}$ 圈）的同时，其轴心线移动一个齿距 P（$P=\pi m$，其中，m 为齿轮模数）的距离，便可磨出工件上一个轮齿一侧的齿面。因此，渐开线齿廓由工件转动 B_{31} 和移动 A_{32} 所组成的复合成形运动用展成法形成，而齿线则由砂轮旋转 B_1 和直线移动 A_2 用相切法形成。

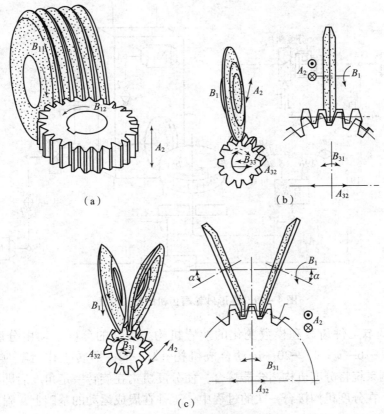

图4-18 展成法磨齿

在这类机床上磨削齿轮时，一个齿槽的两侧齿面是分别进行磨削的。工件向左滚动时，磨削左侧的齿面，向右滚动时，磨削右侧的齿面。工件往复滚动一次，磨完一个齿槽的两侧齿面后，工件滚离砂轮，并进行分度。然后，再重复上述过程，磨削下一个齿槽。可见，工件上全部轮齿齿面需经过多次分度和磨削后才能完成。

由上述可知，锥形砂轮磨齿机的成形运动有：砂轮旋转 B_1 和直线移动 A_2，这是形成齿线所需的两个简单运动；工件转动 B_{31} 和直线移动 A_{32}，是形成渐开线齿廓所需的一个复合成形运动——展成运动。此外，为磨出全部轮齿，加工过程中还需有一个周期的分度运动。这类磨齿机典型的传动原理如图4-19所示。

砂轮旋转运动（主运动）B_1 由外联系传动链"M_1—1—2—u_v—3—4—砂轮主轴（砂轮转动）"实现，u_v 为调整砂轮转速的换置机构。

砂轮的往复直线运动（轴向进给运动）A_2 由外联系传动链"M_2—8—7—u_{f1}—6—5—曲柄偏心盘机构 P—砂轮架溜板（砂轮移动）"实现。u_{f1} 为调整砂轮轴向进给速度的换置机构。

展成运动（$B_{31}+A_{32}$）由内联系传动链"回转工作台（工件旋转 B_{31}）—22—21—运动合成机构—19—18—u_x—11—10—9—纵向工作台（工件直线移动 A_{32}）"和外联系传动链"M_3—14—13—u_{f2}—12—10"来实现。前者保证展成运动的运动轨迹，即工件转动与移动之间的严格运动关系，后者使工件获得一定速度和方向的展成运动。换置机构 u_{f2} 中除变速机构外，还有自动换向机构，使工件在加工过程中能来回滚转，依次完成各个齿的磨齿工作循

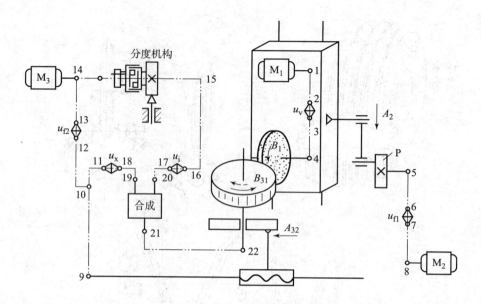

图 4-19 锥形砂轮磨齿机的传动原理

环。u_x 是用来调节工件齿数和模数变化的换置机构。工件的分度运动由分度运动传动链"分度机构—15—16—u_i—17—20—运动合成机构—21—22—回转工作台"实现。分度时，机床的自动控制系统将分度机构离合器接合，使分度机构在旋转一定角度后即脱开，并由分度盘准确定位。在分度机构接合一次的过程中，工件在展成运动的基础上，附加转过一个齿这是由调整换置机构 u_i 来保证的。

锥形砂轮磨齿机的优点是适应性高，砂轮形状简单；其缺点是砂轮形状不易修整得准确，磨损较快且不均匀，因而加工精度较低。

3）碟形砂轮磨齿机

碟形砂轮磨齿机用两个碟形砂轮的端面来形成假想齿条的两个侧面 [如图 4-18（c）所示]，同时磨削齿槽的左右齿面。工作时，砂轮作旋转的主运动 B_1；工件即作转动 B_{31}，同时又作直线移动 A_{32}，工件还需要作轴向进给运动 A_2；在每磨完一个齿后，工件还需要进行分度。

碟形砂轮磨齿机的加工精度较高，其主要原因是砂轮工作棱边很窄，磨削接触面积小，磨削力和磨削热也很小，机床具有砂轮自动修整与补偿装置，使砂轮能始终保持锐利和良好的工作精度，因而磨齿精度较高，最高可达 4 级，是各类磨齿机中磨齿精度最高的一种。其缺点是砂轮刚性较差，磨削用量受到限制，所以生产率较低。

为了提高磨齿精度，这类磨齿机一般采用滚圆盘机构实现展成运动。其工作原理如图 4-20 所示。纵向溜板 8 上固定有支架 7，横向溜板 11 上装有工件主轴 3，其前端安装工件 2，后端通过分度机构 4 与滚圆盘 6 连接。钢带 5 及 9 的一端固定在滚圆盘 6 上另一端固定在支架 7 上，并沿水平方向张紧。当横向溜板 11 由曲柄盘 10 驱动作横向直线往复运动时，滚圆盘 6 因受钢带 5 及 9 约束而转动，从而工件主轴一边随横向溜板移动，一边转动，带动工件 2 沿假想齿条（由砂轮工作面形成）的节线作纯滚动，这样就实现了展成运动。

项目四 齿轮加工机床

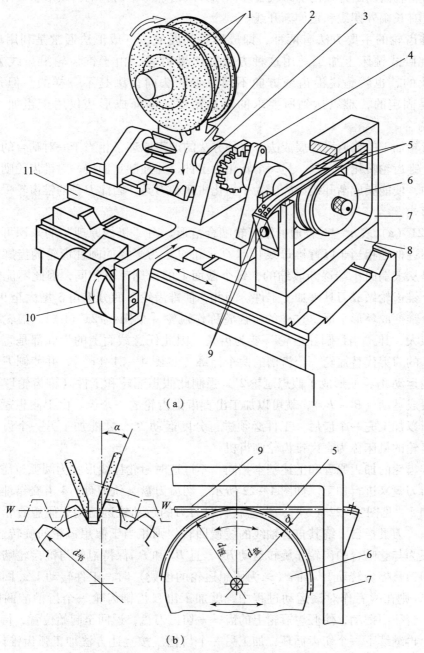

图 4-20 滚圆盘机构工作原理

1—碟形砂轮；2—工件；3—工件主轴；4—分度机构；5、9—钢带；6—滚圆盘；
7—支架；8—纵向溜板；10—曲柄盘；11—横向溜板。

利用滚圆盘机构实现展成运动可以大大缩短传动链，且没有传动间隙，因此传动误差小，加工精度高。

3. 锥齿轮加工机床

1）锥齿轮的切齿原理

锥齿轮的齿廓，理论上应是球面渐开线，但为了便于制造，实际上采用近似的背锥上的

·119·

当量圆柱齿轮轮齿的渐开线齿廓来代替球面渐开线齿廓。锥齿轮的齿线形状常用的有直线和圆弧线，也有长幅外摆线和延伸渐开线。

加工锥齿轮的主要方法有两种，即成形法和展成法。成形法通常是利用单片铣刀或指状铣刀在卧式铣床上加工。用这种方法加工锥齿轮，由于锥齿轮沿齿线方向的基圆直径是变化的，也就是说沿齿线方向不同位置的法向齿廓是不一样的。但是，成形刀具的形状是固定的，难以达到所要求的齿廓精度。因而成形法仅用于粗加工或精度要求不高的场合。

在锥齿轮加工中普遍采用展成法。这种方法的加工原理，相当于一对啮合的锥齿轮，将其中的一个锥齿轮转化为刀具，另一个转化为工件，并强制它们按一对锥齿轮啮合运动关系作相对运动，便能展成渐开线齿廓。为了简化机床和刀具，因此刀具的锥齿轮采用冠轮或近似冠轮的形式。

图 4-21（a）表示一对普通的锥齿轮啮合情形。由"机械原理"的知识可知，锥齿轮的端面齿廓近似地相当于以背锥母线长度 O_1a 和 O_2a 为半径的圆柱齿轮的齿廓。由于锥齿轮的轮齿是从大端向小端逐渐收缩的，每个截面上的齿廓都不相同，因此不能像插齿刀那样，把一个锥齿轮做成刀具来加工工件。为此，使锥齿轮 2 的分锥角 δ'_2 增大至 90°，这时锥齿轮 2 的分锥变成环形平面，这样的锥齿轮称作冠轮［见图4-21（b）］。冠轮背锥母线的长度为无限大，其"当量圆柱齿轮"变为齿条，因此任意截面上的齿廓都是直线。如果用两把刨刀 3 的刀刃代替冠轮一个齿槽的两个齿廓［见图 4-21（c）］，并使刨刀沿冠轮半径方向作切削运动 A_1，便形成了假想冠轮 2′。强制此假想冠轮和工件（锥齿轮坯）按啮合传动关系作展成运动（B_1+B_2），就可以加工出直齿锥齿轮的一个齿。由于假想冠轮上只有一个齿槽，所以加工完一个齿后，工件必须进行分度运动 B_3，才能加工另一个齿。按这种方法加工锥齿轮的机床称为直齿锥齿轮刨齿机。

弧齿锥齿轮的加工原理和上述基本相同。不过这时冠轮齿线形状为圆弧，需采用做旋转运动的切齿刀盘来进行加工。如图 4-22 所示，切齿刀盘（铣刀盘）4 上交错地装有内、外切齿刀 6 和 5 ［见图 4-22（b）］，当它旋转时刀刃的运动轨迹就构成假想冠轮 2 的一个轮齿两侧齿面，刀具摇台 1 绕其自身轴线的缓慢回转，则相当于假想冠轮的旋转运动 B_{21}。如果把工件视为与它啮合的齿轮作旋转运动 B_{22}，且 B_{22} 和 B_{21} 保持冠轮与锥齿轮啮合传动的运动关系，即刀具摇台转动 $1/z_冠$ 圈（$z_冠$ 为假想冠轮的齿数）时，工件转动 $1/z_1$ 圈（z_1 为工件齿轮齿数），则在两者作对滚运动过程中，就加工出弧齿锥齿轮一个齿槽的两侧渐开线齿廓，刀具摇台往回摆动，使假想冠轮上的齿——切齿刀盘，返回至起始位置，待工件完成分度运动后，再继续下一个切齿循环，加工另一个齿槽。按上述方法加工弧齿锥齿轮的机床，称为弧齿锥齿轮铣齿机。

2）弧齿锥齿轮铣齿机的传动原理

图 4-23 是弧齿锥齿轮铣齿机的传动原理图。图中包括成形运动及分度运动的传动联系。

（1）主运动传动链。形成齿线（圆弧）需要一个成形运动，即铣刀盘的旋转运动 B_1，这个运动是简单的主运动。主运动传动链传动路线为：电动机—M—1—2—u_v—3—4—5—6—切齿刀盘主轴（铣刀盘转动 B_1）。

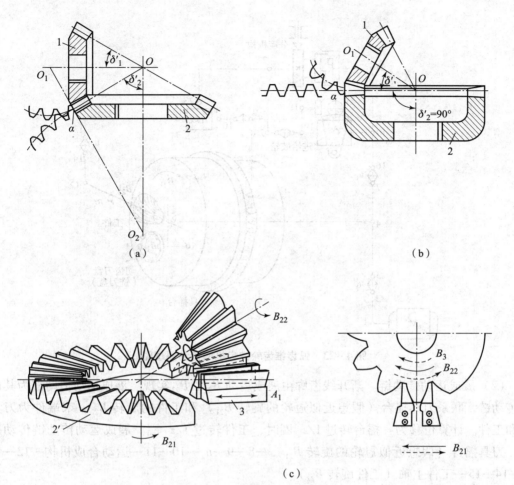

图 4-21 锥齿轮的展成原理

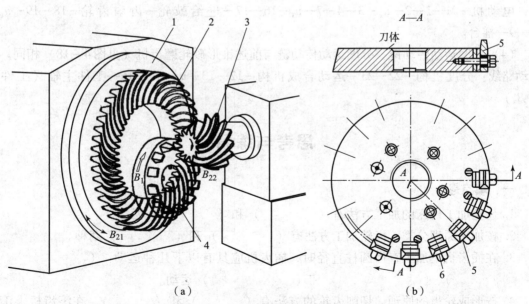

图 4-22 弧齿锥齿轮的加工原理

1—刀具摇台；2—假想冠轮；3—工件；4—切齿刀盘；5—外切齿刀；6—内切齿刀

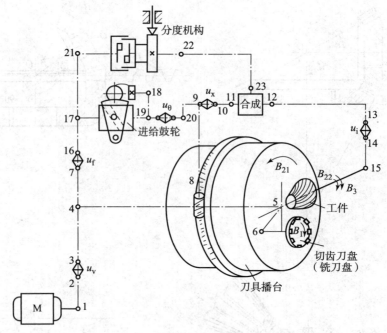

图 4-23 弧齿锥齿轮铣齿机的传动原理图

（2）展成运动传动链。渐开线齿廓由展成运动 B_{21}、B_{22} 实现。展成运动传动链为其内联系传动链，联系刀具摇台（假想近似冠轮的旋转 B_{21}）和工件的旋转 B_{22}。末端件为刀具摇台和工件。计算位移为：摇台转过 $1/z_{冠}$ 圈时，工件转过 $1/z_{工}$ 圈。展成运动传动链传动路线为：刀具摇台（假想近似冠轮的旋转 B_{21}）—8—9—u_x—10—11—运动合成机构—12—13—u_i—14—15—工件主轴（工件旋转 B_{22}）。

（3）进给运动传动链。进给运动传动链是展成运动的外联系传动链。其传动路线为：

电动机—M—1—2—u_v—3—4—7—u_f—16—17—进给鼓轮—齿扇齿轮—18—19—$u_θ$—20—9—摇台。

（4）分度运动传动链。分度运动传动链与前述锥形砂轮磨齿机（见图 4-18）相同。其传动路线：分度机构—22—23—运动合成机构—12—13—u_i—14—15—工件主轴（工件旋转 B_3）。

思考与练习

一、填空题

1. 齿轮加工机床的加工方法有（　　　）和（　　　）两类。
2. 按加工原理分类，齿轮加工方法有（　　　）和（　　　）两种。
3. 在插齿机上加工直齿圆柱直径时，插齿机应具有以下几种运动：（　　　　　）、（　　　）、（　　　）和（　　　　）运动。
4. 按形成轮齿的原理，切削齿轮的方法有（　　　）和（　　　），在滚齿机上滚切蜗轮的方法有（　　　）和（　　　）。

二、选择题

1. 在 Y3150E 型滚齿机上滚切直齿圆柱齿轮时，(　　　) 是表面成形运动（成形运动）。
A. 滚刀、工件的旋转，以及滚刀沿工件轴线方向的移动
B. 滚刀、工件的旋转，以及滚刀沿工件切线方向的移动
C. 滚刀、工件的旋转，以及滚刀沿工件径向方向的移动
D. 滚刀和工件的旋转运动

2. 机床型号的首位字母"Y"表示该机床是（　　　）。
A. 水压机　　　B. 齿轮加工机床　　　C. 压力机　　　D. 螺纹加工机床

三、分析计算题

1. 分析比较应用展成法与成形法加工圆柱齿轮各有何特点？

2. 在滚齿机上加工直齿和斜齿圆柱齿轮、大齿数直齿圆柱齿轮，用切向进给法加工蜗轮时，分别需要调整哪几条传动链？画出传动原理图，并说明各传动链的两端件及计算位移是什么？

3. 试根据 Y3150E 型滚齿机的传动系统图，回答下列问题。

（1）展成运动传动链中交换齿轮 $\dfrac{e}{f}$ 的作用是什么？应怎样取值？

（2）离合器 M_3 的作用是什么？

4. 在其他条件不变，而只改变下列某一条件的情况下，滚齿机上哪些传动链的换置机构应变向。

   （1）由滚切右旋齿轮改为滚切左旋齿轮。

   （2）由逆铣滚齿改为顺铣滚齿。

   （3）由使用右旋滚刀改为使用左旋滚刀。

   （4）由加工直齿齿轮改为加工斜齿齿轮。

5. 对比滚齿机和插齿机的加工方法，说明它们各自的特点及主要应用范围。

6. 在插齿机上加工直齿圆柱齿轮时,其运动过程主要由哪些运动组成?其中,哪些运动不参与工件表面的形成过程?

7. 磨齿有哪些方法?各有什么特点?

思考与练习答案

项目五 其他类型机床

学习目标

（1）掌握钻床、镗床、铣床、刨床、插床和拉床的基本知识。
（2）熟悉钻床、镗床、铣床、刨床、插床和拉床的主要结构。
（3）了解钻床、镗床、铣床、刨床、插床和拉床的各种类型及加工方法。
（4）认识钻床、镗床、铣床、刨床、插床和拉床及其典型部件。
（5）能正确选用钻床、镗床、铣床、刨床、插床和拉床。

任务一 钻 床

任务描述

在图 5-1 所示的制动器臂板中，各孔的技术要求已在图中标出，试问如何对此工件上的孔进行加工？

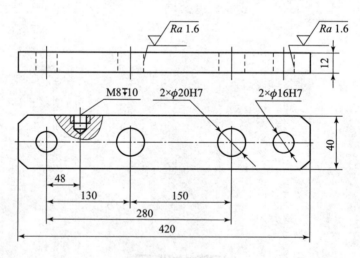

图 5-1 制动器臂板

相关知识

孔的加工方式相对较多，其中在钻床上钻孔是孔加工中最常用的加工方法。要想正确地在钻床上加工各种不同类型的孔，就必须掌握钻床的结构、功能及钻削加工的工艺特点、加工范围和加工方式，才能对工件进行加工处理。下面就学习钻床与钻削加工相关的内容。

钻床是用途广泛的孔加工机床，其主要用钻头加工直径不大、精度不太高的孔，也可以通过钻孔—扩孔—铰孔的工艺手段加工精度要求较高的孔，利用夹具还可以加工有一定位置要求的孔系。钻床可完成钻孔、扩孔、铰孔、攻螺纹、锪埋头孔和锪端面等工作。钻床在加工时，工件固定不动，刀具一面旋转作主运动，一面沿轴向移动作进给运动。故钻床适用于加工没有对称回转轴线的工件上的孔，尤其是多孔加工，如箱体和机架等零件上的孔。钻床的加工方法如图 5-2 所示。

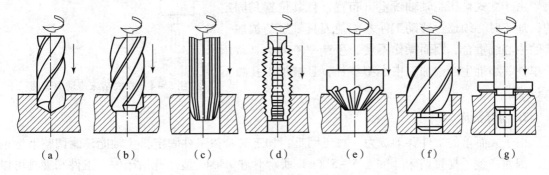

图 5-2 钻床的加工方法
(a) 钻孔；(b) 扩孔；(c) 铰孔；(d) 攻螺纹；(e)、(f) 锪埋头孔；(g) 锪端面

钻床根据用途和结构不同，主要类型有：立式钻床、台式钻床、摇臂钻床和专门化钻床（如深孔钻床和中心孔钻床）等。钻床的主参数是最大钻孔直径。

1. 立式钻床

立式钻床是钻床中应用较广的一种，其特点为主轴轴线垂直布置，而且其位置是固定的。加工时，为使刀具旋转中心线与被加工孔的中心线重合，必须移动工件（相当于调整坐标位置），因此立式钻床只适于加工中小型工件上的孔。

立式钻床的外形如图 5-3 所示。主轴箱 3 中装有主运动和进给运动的变速传动机构、主轴部件等。加工时，主运动是由主轴 2 带着刀具作旋转运动实现的，而主轴箱 3 固定不动，进给运动是由主轴 2 随同主轴套筒在主轴箱 3 中作直线移动来实现。主轴箱 3 右侧的手柄用于使主轴 2 升降。工件放在工作台 1 上。工作台 1 和主轴箱 3 都可沿立柱 4 调整其上下位置，以适应加工不同高度的工件。

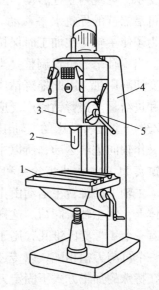

图 5-3 立式钻床的外形
1—工作台；2—主轴；3—主轴箱；
4—立柱；5—进给操纵机构。

立式钻床的传动原理图如图5-4所示。主运动一般采用单速电动机经齿轮分级变速传动机构传动,也有采用机械无级变速传动机构传动的;主轴旋转方向的变换,靠电动机的正反转来实现。钻床的进给量用主轴每转一圈时,主轴的轴向移动量来表示。另外,攻螺纹时进给运动和主运动之间也需要保持一定的关系,因此,进给运动由主轴传出,与主运动共用一个动力源。进给运动传动链中的换置机构u_f通常为滑移齿轮机构。

由于立式钻床主轴轴线垂直布置,且其位置是固定的,加工时必须通过移动工件才能使刀具轴线与被加工孔的中心线重合,因而操作不便,生产率不高。其常用于单件、小批生产中加工中小型零件,且被加工孔数不宜过多。

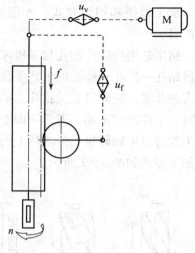

图5-4 立式钻床传动原理图

2. 摇臂钻床

由于大而重的工件移动费力,找正困难,加工时希望工件固定,主轴能任意调整坐标位置,因而产生了摇臂钻床[如图5-5(a)所示]在Z3040型摇臂钻床中。工件和夹具可以安装在底座1或工作台8上。立柱为双层结构,内立柱2固定在底座1上,外立柱3由滚动轴承支承,可绕内立柱转动,立柱结构如图5-5(b)所示。摇臂可沿外立柱3升降。主轴箱6可沿摇臂的导轨水平移动。这样,就可在加工时使工件不动而方便地调整主轴7的位置。为了使主轴7在加工时保持准确的位置,摇臂钻床上具有立柱、摇臂及主轴箱6的夹紧机构。当主轴7的位置调整妥当后,就可快速地将它们夹紧。由于摇臂钻床在加工时需要经常改变切削用量,因此摇臂钻床通常具有既方便又节省时间的操纵机构,可快速地改变主轴转速和进给量。摇臂钻床广泛应用于单件和中、小批生产中,加工大中型零件。

Z3040型摇臂钻床的主轴组件如图5-6所示。摇臂钻床的主轴在加工时既作旋转主运动,又作轴向进给运动,所以主轴1用轴承支承在主轴套筒2内,主轴套筒2装在主轴箱体孔的镶套11中,由小齿轮4和主轴套筒2上的齿条驱动主轴套筒2连同主轴1作轴向进给运动。主轴1的旋转主运动由主轴尾部的花键传入,而该传动齿轮则通过轴承直接支承在主轴箱体上,使主轴1卸荷。这样既可减少主轴的弯曲变形,又可使主轴移动轻便。主轴1的前端有一个4号莫氏锥孔,用于安装和紧固刀具。主轴的前端还有两个并列的横向腰形孔,上面一个可与刀柄相配,以传递转矩,并可用专用的卸刀扳手插入孔中旋转卸刀;下面一个用于在特殊的加工方式下固定刀具,如倒刮端面时,需要将楔块穿过腰形孔将刀具锁紧,以防止刀具在向下切削力作用下从主轴锥孔中掉落。

摇臂钻床加工时,主轴要承受较大的进给力,而背向力不大,因此主轴的轴向切削力由推力轴承承受,上面的一个推力轴承用以支承主轴的重量。螺母3用以消除推力轴承内滚珠与滚道的间隙;主轴的径向切削力由深沟球轴承支承。钻床主轴的旋转精度要求不是太高,故深沟球轴承的游隙不需要调整。

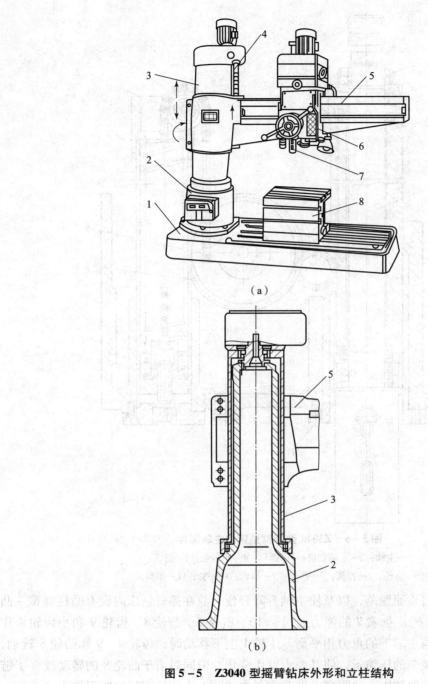

图 5–5 Z3040 型摇臂钻床外形和立柱结构

（a）外形结构；（b）立柱结构

1—底座；2—内立柱；3—外立柱；4—摇臂升降丝杠；5—摇臂；6—主轴箱；7—主轴；8—工作台。

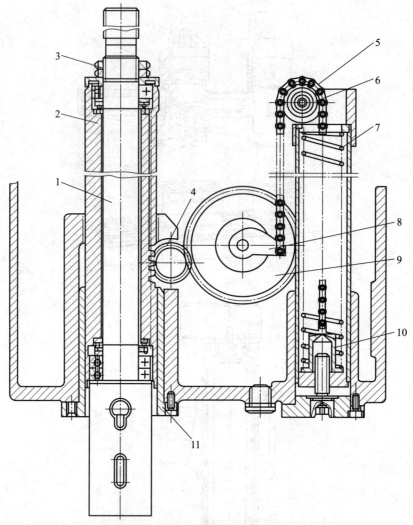

图 5-6　Z3040 型摇臂钻床的主轴部件

1—主轴；2—主轴套筒；3—螺母；4—小齿轮；5—链条；
6—链轮；7—弹簧；8—凸轮；9—齿轮；10—套；11—镶套。

为了防止主轴因自重而脱落，以及使主轴升降轻便，故在摇臂钻床内设有圆柱弹簧-凸轮平衡机构（见图5-6）。弹簧7的弹力通过套10、链条5、凸轮8、齿轮9和小齿轮4作用在主轴套筒2上，与主轴1的重力相平衡。主轴1上下移动时，齿轮4、9和凸轮8转动，并拉动链条5改变弹簧7的压缩量，使其弹力发生变化，但同时由于凸轮8的转动改变了链条5至凸轮8及齿轮9回转中心的距离，即改变了力臂的大小，从而使力矩保持不变。

3. 台式钻床

台式钻床简称台钻，它实质上是加工小孔的立式钻床。台式钻床的外形如图5-7所示。台式钻床的钻孔直径一般在15 mm以下，最小可达十分之几毫米。因此，台式钻床主轴的转速很高，最高可达每分钟几万转。台式钻床结构简单，使用灵活方便，适于加工小型零件上的孔。但其自动化程度较低，通常为手动进给。

4. 其他钻床

1) 可调式多轴立式钻床

可调式多轴立式钻床是立式钻床的变型品种。机床布局与立式钻床相似，其主要特点是主轴箱上装有若干个主轴，且可根据加工需要调整主轴位置（见图5-8）。加工时，由主轴箱带动全部主轴沿立柱导轨垂直进给，对工件上多孔同时加工。进给运动通常采用液压传动，并可实现半自动工作循环。这种机床能较灵活地适应工件的变化，且采用多刀切削，生产效率较高，适用于成批生产。

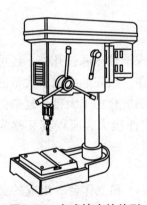

图5-7 台式钻床的外形

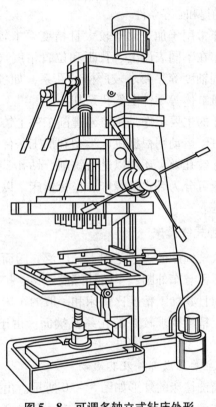

图5-8 可调多轴立式钻床外形

2) 深孔钻床

深孔钻床是专门化机床，专门用于加工深孔，如加工枪管、炮筒和机床主轴等零件的深孔。这种机床加工的孔较深，因此为了减少孔中心线的偏斜，加工时通常是由工件转动来实现主运动，深孔钻头并不转动，只作直线进给运动。此外，由于被加工孔较深而且工件又往往较长，为了便于排除切屑，避免机床过于高大，深孔钻床通常是卧式布局。

任务二 镗 床

任务描述

箱体类零件有一个共同的特性，即在箱体上存在各种不同技术要求的孔，试问应采用什么方法来加工，以保证各孔之间的相对精度？

✓ 相关知识

如图5-9所示，在实际应用中箱体类零件上的孔系，一般都采用镗削加工的方法进行加工。正确掌握镗床的类型、加工范围、工艺特点、加工方法及相应刀具的工作特性和适用范围，是正确加工箱体类零件上的大孔及孔系的前提和必备条件。

镗床常用于加工尺寸较大且精度要求较高的孔，特别是分布在不同表面上、孔距和位置精度（平行度、垂直度和同轴度等）要求较严格的孔系，如各种箱体和汽车发动机缸体等零件上的孔系加工。

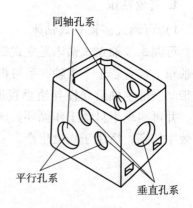

图5-9 箱体类零件上的孔系

镗床的主要工作是用镗刀镗削工件上铸出或已粗钻出的孔。机床加工时的运动与钻床类似，但进给运动则根据机床类型和加工条件不同，或者由刀具完成，或者由工件完成。在镗床上，除镗孔外，还可以进行铣削、钻孔、铰孔等工作，因此镗床的工艺范围较广。根据用途，镗床可分为卧式铣镗床、坐标镗床，以及精镗床。此外，还有立式镗床、深孔镗床和落地镗床等。

1. 卧式铣镗床

卧式铣镗床的工艺范围十分广泛，因而得到普遍应用。卧式铣镗床除镗孔外，还可车端面、铣平面、车外圆、车内外螺纹及钻、扩、铰孔等。零件可在一次安装中完成大量的加工工序，而且其加工精度比钻床和一般的车床、铣床高，因此特别适合加工大型、复杂的箱体类零件上精度要求较高的孔系及端面。由于卧式铣镗床的适应性较大，所以其又称为万能镗床。

1）主要组成部件及其运动

卧式铣镗床的外形如图5-10所示。由上滑座12、下滑座11和工作台3组成的工作台部件装在床身导轨上。工件安装在工作台3上，可与工作台3一起随下滑座11或上滑座12作纵向或横向移动。工作台3还可绕上滑座12的圆导轨在水平面内转位，以便加工互相成一定角度的平面和孔。主轴箱8可沿前立柱7上的导轨上下移动，以实现垂直进给运动或调整主轴在垂直方向的位置。在主轴箱8中装有镗轴4、平旋盘5，主运动和进给运动变速传动机构和操纵机构。此外，机床上还有坐标测量装置，以实现主轴箱和工作台之间的准确定位。根据加工情况不同，刀具可以装在镗轴4锥孔中，或装在平旋盘5的径向刀具溜板6上。镗轴4旋转作主运动，并可沿轴向移动作进给运动；平旋盘5只能作旋转主运动。装在平旋盘径向导轨上的径向刀具溜板6，除了随平旋盘一起旋转外，还可作径向进给运动。装在后立柱2上的后支架1用于支承悬伸长度较大的镗轴4悬伸端，以增加刚度。后支架1可沿后立柱2上的导轨上下移动，以便于与主轴箱8同步升降，从而保持后支架支承孔与镗轴4在同一轴线上。后立柱2可沿底身10的导轨移动，以适应镗轴4的不同程度悬伸。

综上所述，卧式铣镗床的主运动有：镗轴和平旋盘的旋转运动；进给运动有：镗轴的轴向运动，径向刀具溜板的径向进给运动，主轴箱的垂直进给运动，工作台的纵向和横向进给运动；辅助运动有：主轴、主轴箱及工作台在进给方向上的快速调位运动，后立柱的纵向调位运动，后支架的垂直调位移动，工作台的转位运动。

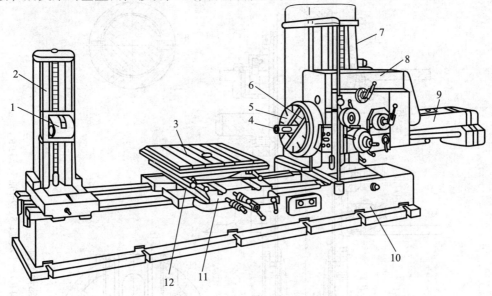

图 5-10 卧式铣镗床的外形

1—后支架；2—后立柱；3—工作台；4—镗轴；5—平旋盘；6—径向刀具溜板；
7—前立柱；8—主轴箱；9—后尾筒；10—床身；11—下滑座；12—上滑座。

图 5-11 所示为卧式铣镗床的典型加工方法。图 5-11（a）为用装在镗轴上的悬伸刀杆镗孔，图 5-11（b）为利用长刀杆镗削同一轴线上的两孔，图 5-11（c）为用装在平旋盘上的悬伸刀杆镗削大直径的孔，图 5-11（d）为用装在镗轴上的端铣刀铣平面，图 5-11（e）、（f）为用装在平旋盘的径向刀具溜板上的车刀车内沟槽和端面。

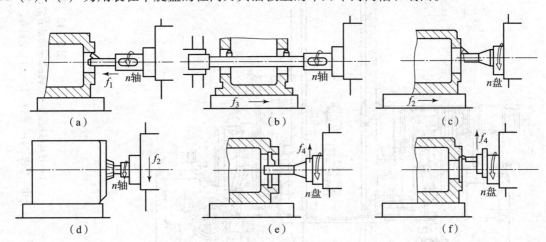

图 5-11 卧式铣镗床的典型加工方法

2）主轴部件结构

卧式铣镗床主轴部件的结构形式较多，图 5-12 为 TP619 型卧式铣镗床的主轴部件结构。它主要由镗轴 2、镗轴套筒 3 和平旋盘 7 组成。镗轴 2 和平旋盘 7 用来安装刀具并带动其旋转，两者可同时同速转动，也可以不同转速同时转动。镗轴套筒 3 用作镗轴 2 的支承和

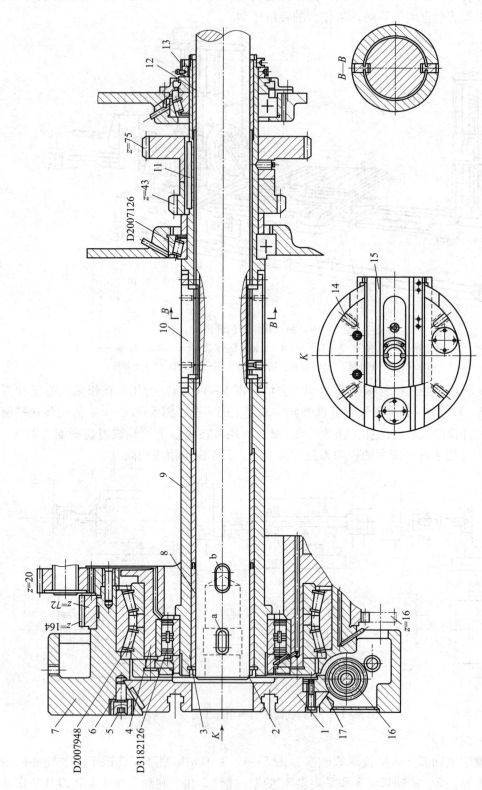

图 5－12 TP619型卧式铣镗床的主轴部件结构

1—刀具溜板；2—镗轴；3—镗轴套筒；4—法兰盘；5—螺塞；6—销钉；7—平旋盘；8、9—前支承衬套；10—导键；11—平键；12—后支承衬套；13—调整螺母；14—径向T形槽；15—T形槽；16—丝杠；17—半螺母。

导向，并传动其旋转。镗轴套筒 3 采用三支承结构，前支承采用 D3182126 型双列圆柱滚子轴承，中间和后支承采用 D2007126 型圆锥滚子轴承，三支承均安装在箱体轴承座孔中，后轴承间隙可用调整螺母 13 调整。在镗轴套筒 3 的内孔中，装有三个淬硬的精密衬套 8、9 和 12，用以支承镗轴 2。镗轴 2 用 38CrMoAIA 钢经氮化处理制成，具有很高的表面硬度，它和衬套的配合间隙很小，而前、后支承衬套间的距离较大，使主轴部件有较高的刚度，以保证主轴具有较高的旋转精度和平稳的轴向进给运动。

镗轴 2 的前端有一精密的 1∶20 锥孔，供安装刀具和刀杆用。它由后端齿轮 $z=43$ 或 $z=75$ 通过平键 11 使镗轴套筒 3 旋转，再经套筒上两个对称分布的导键 10 传动旋转。导键 10 固定在镗轴套筒 3 上，其突出部分嵌在镗轴 2 的两条长键槽内，使镗轴 2 既能由镗轴套筒 3 带动旋转，又可在衬套中沿轴向移动，镗轴 2 的后端通过推力球轴承和圆锥滚子轴承与支承座连接。支承座装在后尾筒的水平导轨上，可由丝杠 16（轴 XVII）经半螺母 17 传动移动，带动镗轴 2 作轴向进给运动。镗轴 2 前端还有两个腰形孔 a、b，其中，孔 a 用于拉镗孔或倒刮端面时插入楔块，以防止镗轴被拉出，孔 b 用于拆卸刀具。镗轴 2 不作轴向进给时（例如铣平面或由工作台进给镗孔时），利用支承座中的推力球轴承和圆锥滚子轴承使镗轴 2 实现轴向定位。其中，圆锥滚子轴承还可以作为镗轴 2 的附加径向支承，以免镗轴后部的悬伸端下垂。

平旋盘 7 通过 D2007984 型双列圆锥滚子轴承支承在固定于箱体上的法兰盘 4 上。平旋盘由用螺钉和定位销连接其上的齿轮 $z=72$ 传动。传动刀具溜板的大齿轮 $z=164$ 空套在平旋盘 7 的外圆柱面上。平旋盘 7 的端面上铣有四条径向 T 形槽 14，可以用来紧固刀具或刀盘；在它的燕尾导轨上，装有刀具溜板 1，刀具溜板 1 的左侧面上铣有两条 T 形槽 15（K 向视图），可用来紧固刀具或刀盘。刀具溜板 1 可在平旋盘 7 的燕尾导轨上作径向进给运动，燕尾导轨的间隙可用镶条进行调整。当加工过程中刀具溜板不需作径向进给时（如镗大直径孔或车外圆柱面时），可拧紧螺塞 5，通过销钉 6 将其锁紧在平旋盘 7 上。

2. 坐标镗床

坐标镗床是一种高精度机床，是具有测量坐标位置的精密测量装置。为了保证高精度，这种机床的主要零部件的制造和装配精度都很高，并具有较好的刚度和抗振性。它主要用来镗削精密孔（IT5 级或更高）和位置精度要求很高的孔系（定位精度可达 0.002 mm ~ 0.01 mm）。例如，镗削钻模和镗模上的精密孔。

坐标镗床的工艺范围很广，除镗孔、钻孔、扩孔、铰孔、锪端面，以及精铣平面和沟槽外，还可进行精密刻线和划线，以及进行孔距和直线尺寸的精密测量工作。

坐标镗床主要用于工具车间加工工具、模具和量具等，也可用于生产车间成批地加工精密孔系，如在飞机、汽车、拖拉机、内燃机和机床等行业中加工某些箱体零件的轴承孔。

坐标镗床按其布局形式主要有单柱、双柱和卧式等类型。

1) 单柱坐标镗床

图 5-13 为单柱坐标镗床外形。工件固定在工作台 1 上，坐标位置由工作台 1 沿床鞍 5 导轨的纵向移动（X 向）和床鞍 5 沿床身 6 导轨的横向移动（Y 向）来实现。装有主轴组件的主轴箱 3 可以在立柱 4 的竖直导轨上调整上下位置，以适应不同高度的工件。主轴箱 3 内装有主电动机，变速、进给传动机构及其操纵机构。主轴 2 由精密轴承支撑在主轴套筒中。当进行镗孔、钻孔、扩孔和铰孔等工作时，主轴 2 由主轴套筒带动，在竖直方向作机动或手

动进给运动。当进行铣削时,则由工作台在纵、横方向完成进给运动。

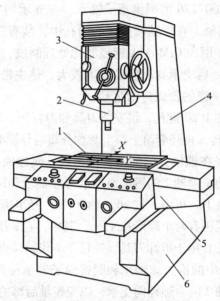

图 5-13 单柱坐标镗床外形

1—工作台;2—主轴;3—主轴箱;4—立柱;5—床鞍;6—床身。

这种类型机床工作台的三个侧面都是敞开的,操作比较方便,但主轴箱悬臂安装,机床尺寸大时,将会影响机床刚度和加工精度。因此,采用此种形式的多为中小型坐标镗床。

2) 双柱坐标镗床

双柱类坐标镗床采用了两个立柱、顶梁和床身构成的龙门框架的布局形式,并将工作台直接支承在床身导轨上(如图 5-14 所示)。主轴箱 5 沿横梁 2 的导轨作横向移动（Y 向）和工作台 1 沿床身 8 的导轨作纵向移动（X 向）实现。横梁 2 可沿立柱 3 和 6 的导轨上下调整位置,以适应不同高度的工件。双柱坐标镗床主轴箱悬伸距离小,且装在龙门框架上,刚性好;工作台和床身的层次少,承载能力较强。因此,大中型坐标镗床常采用此种布局。

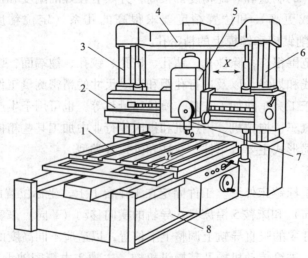

图 5-14 双柱坐标镗床外形

1—工作台;2—横梁;3、6—立柱;4—顶梁;5—主轴箱;7—主轴;8—床身。

3) 卧式坐标镗床

卧式坐标镗床（如图5-15所示）的主轴3是水平布置与工作台平行。机床两个坐标方向的移动分别由下滑座7沿床身6的导轨横向移动（X向）和主轴箱5沿立柱4的导轨上下移动（Y向）来实现。回转工作台2可以在水平面内回转至一定角度位置，以进行精密分度。进给运动由上滑座1的纵向移动或主轴3的轴向移动（Z向）实现。卧式坐标镗床的特点是生产效率高，可省去镗模等复杂工艺装备，且装夹方便。

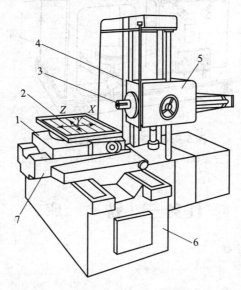

图5-15 卧式坐标镗床

1—上滑座；2—回转工作台；3—主轴；4—立柱；5—主轴箱；6—床身；7—下滑座。

3. 精镗床

精镗床是一种高速镗床，因它以前采用金刚石镗刀，故又称其为金刚镗床。精镗床现已广泛使用硬质合金刀具。这种机床的特点是切削速度很高，而背吃刀量和进给量极小，因此可以获得很高的加工精度和表面质量。工件的尺寸精度可达0.003~0.005 mm，表面粗糙度Ra可达0.16~1.25 μm。精镗床广泛应用于成批、大量生产中，如用于加工发动机的气缸、连杆、活塞和液压泵壳体等零件上的精密孔。

精镗床种类很多，按其布局形式可分为单面、双面和多面精镗床；按其主轴位置可分为立式、卧式和倾斜式精镗床；按其主轴数量可分为单轴、双轴和多轴精镗床。单面卧式精镗床外形如图5-16所示。

在单面卧式精镗床中主轴箱1固定在床身4上，主轴2短而粗，在镗轴端部设有减振器，主轴2采用精密的角接触轴承或静压轴承支承，并由电动机经带轮直接带动主轴2，以保证主轴组件准确平稳地运转。主轴2高速旋转带动镗刀作主运动。工件通过夹具安装在工作台3上，工作台3沿床身导轨作平稳的低速纵向移动以实现进给运动。工作台3一般采用液压传动，可实现半自动循环。

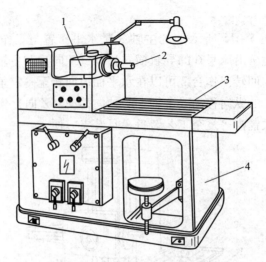

图 5-16 单面卧式精镗床外形
1—主轴箱；2—主轴；3—工作台；4—床身。

任务三 铣 床

任务描述

图 5-17 所示的台阶零件，材料为 45 钢，加工数量为小批量。试问需何种机床才能完成该零件的切削加工？

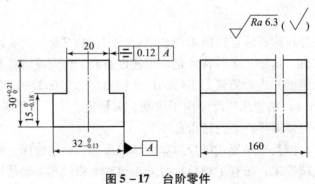

图 5-17 台阶零件

相关知识

图 5-17 所示的零件主要涉及平面的加工，加工平面为四周面和台阶面，四周面的加工应该注意平面间的相互平行和垂直，台阶面的加工要与零件的基准面或其他表面平行。台阶面的加工可以在卧式铣床上利用三面刃铣刀加工、在立式铣床上加工或在卧式铣床上用组合刀具加工双台阶面。

铣床是用铣刀进行切削加工的机床。它的特点是以多齿刀具的旋转运动为主运动，而进给运动可根据加工要求，由工件在相互垂直的 3 个方向中作某一方向运动来实现。在少数铣床上,进给运动也可以是工件的回转或曲线运动。由于铣床上使用多齿刀具,加工过程中通常有几个刀齿同时参与切削,因此,可获得较高的生产效率。就整个铣削过程来看是连续的,但就每个刀齿来看切削过程是断续的,且切入与切出的切削厚度亦不等,因此,作用在机床上的切削力相应地发生周期性的变化,这就要求铣床在结构上具有较高的静刚度和动刚度。

铣床的工艺范围很广,可以加工平面（水平面、垂直面等）、沟槽（T形槽、键槽、燕尾槽等）、螺旋表面（螺纹、螺旋槽等）、多齿零件（齿轮、链轮、棘轮和花键轴等），以及各种曲面（如图5-18所示）。此外,铣床还可用于加工回转体表面、内孔,以及进行切断工作等。

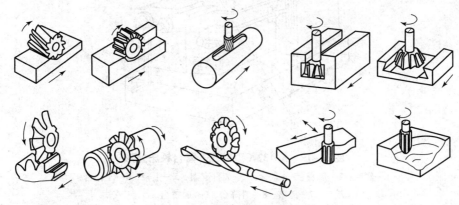

图5-18 铣床加工的典型表面

铣床的类型很多,主要类型有：卧式升降台铣床、立式升降台铣床、龙门铣床、工具铣床和各种专用铣床等。

1. 卧式升降台铣床

卧式升降台铣床的主轴是卧式布置的,简称卧式铣床。X6132A型卧式升降台铣床（见图5-19）由底座1、床身2、悬梁3、刀杆支架4、主轴5、工作台6、床鞍7、升降台8及回转盘9等组成。床身2固定在底座1上,用于安装和支承其他部件。床身内装有主轴部件、主变速传动机构及其变速操纵机构。悬梁3安装在床身2的顶部,并可沿燕尾导轨调整前后位置。悬梁上的刀杆支架4,用于支承刀杆的悬伸端,以提高其刚度。升降台8安装在床身2前侧面的垂直导轨上,可作上下移动,以适应工件不同的厚度。升降台内装有进给运动传动机构及其操纵机构。升降台8的水平导轨上装有床鞍7,可沿主轴轴线方向作横向移动。床鞍7上装有回转盘9,回转盘上面的燕尾导轨安装有工作台6。因此,工作台除了可沿导轨作垂直于主轴轴线方向的纵向移动外,还可通过回转盘绕垂直轴线在±45°范围内调整角度,以便铣削螺旋表面。

卧式升降台铣床主要用来加工平面、沟槽、台阶、成形面、齿轮、离合器、花键轴和螺旋槽等,加工范围广。由于铣刀刀杆较长,可安装组合铣刀进行多刀切削,加工效率高。

2. 立式升降台铣床

立式升降台铣床的主轴是垂直布置的,简称立式铣床,其外形如图5-20所示。立式升降台铣床的工作台3、床鞍4和升降台5在结构上与卧式升降台铣床相同,主轴2安装在立

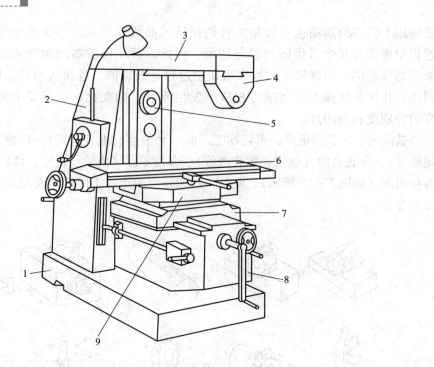

图 5-19 X6132A 型卧式升降台铣床外形
1—底座；2—床身；3—悬梁；4—刀杆支架；5—主轴；6—工作台；
7—床鞍；8—升降台；9—回转盘。

铣头 1 内，可沿其轴线方向进给或手动调整位置。立铣头 1 可根据加工需要在垂直面内翻转一个角度（≤45°），使主轴与台面倾斜成所需角度，以扩大铣床的工艺范围。这种铣床可用端铣刀或立铣刀加工平面、斜面、沟槽、台阶、齿轮和凸轮等表面。

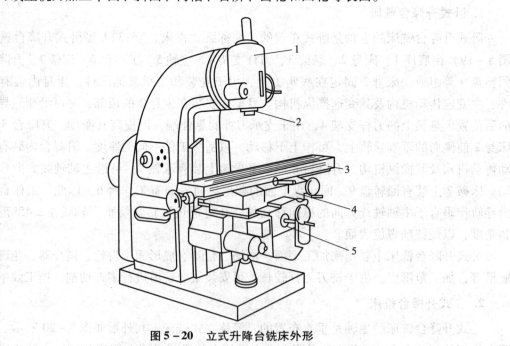

图 5-20 立式升降台铣床外形
1—立铣头；2—主轴；3—工作台；4—床鞍；5—升降台。

3. 龙门铣床

龙门铣床是一种大型高效率的铣床，主要用于加工各种大型工件的平面和沟槽，借助于附件能完成斜面、内孔等加工，其外形如图 5-21 所示。

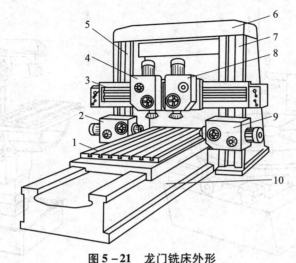

图 5-21 龙门铣床外形
1—工作台；2、9—水平铣头；3—横梁；
4、8—垂直铣头；5、7—立柱；6—顶梁；10—床身。

龙门铣床因有顶梁 6、立柱 5 及 7、床身 10 组成的龙门框架而得名。通用的龙门铣床一般有 3~4 个铣头。每个铣头均有单独的驱动电动机、变速传动机构、主轴部件及操纵机构等。横梁 3 上的两个垂直铣头 4 和 8，可在横梁上沿水平方向（横向）调整其位置。横梁 3 以及立柱 5、7 上的两个水平铣头 2 和 9，可沿立柱的导轨调整期垂直方向上的位置。各铣刀的切削深度均由主轴套筒带动铣刀主轴沿轴向移动来实现。加工时，工作台 1 连同工件作纵向进给运动。龙门铣床可用多把铣刀同时加工几个表面，所以生产率较高，在成批、大量生产中得到广泛应用。

4. 圆台铣床

圆台铣床可分为单轴和双轴两种形式，图 5-22 为双轴圆台铣床外形。其中，主轴箱 5 的两个主轴上分别安装粗铣和半精铣的端铣刀，用于粗铣和半精铣平面。滑座 2 可沿床身 1 的导轨横向移动，以调整工作台 3 与主轴间的横向位置。主轴箱 5 可沿立柱 4 的导轨升降；主轴也可在主轴箱中调整其轴向位置，以使刀具与工件的相对位置准确。加工时，可在工作台 3 上装夹多个工件，工作台 3 作连续转动，由两把铣刀分别完成粗、精加工，装卸工件的辅助时间与切削时间重合，生产率较高。这种铣床的尺寸规格介于升降台铣床与龙门铣床之间，适于成批大量生产中加工小型零件的平面。

5. 工具铣床

图 5-23 为工具铣床的外形。这种铣床能完成多种铣削加工，具有水平和垂直两个主轴，在升降台上可安装万能角度工作台、水平工作台、圆形工作台、分度头和平口钳等多种附件，用途广泛，特别适合于加工各种夹具、工具、刀具和模具等复杂零件。

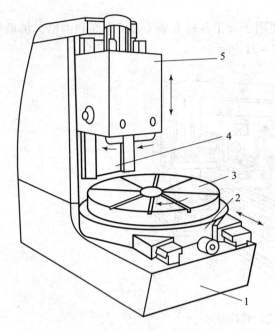 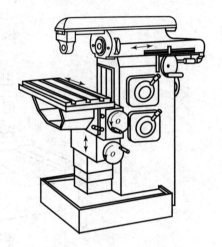

图 5-22　双轴圆台铣床外形　　　　图 5-23　工具铣床的外形
1—床身；2—滑座；3—工作台；
4—立柱；5—主轴箱。

6. 专用铣床

除了上述常用的铣床外，还有许多专用铣床，如仿形铣床、花键铣床、螺纹铣床、凸轮铣床、钻头沟槽铣床、仪表铣床等，这里就不一一叙述了。

任务四　刨床、插床和拉床

✓ 任务描述

现要求加工一长、宽、高均为 70 mm 的正方体垫块，其尺寸误差要控制在 ±0.1 mm 范围之内，试确定其加工方法？

✓ 相关知识

刨削加工是常用的加工非圆柱面的加工方法，只有在掌握了刨削加工的基本原理、特点、加工范围、刀具的选择及切削用量的选择，才能在实际应用中正确使用，并保证工件达到相应的精度要求。所以本任务就学习这方面相关的内容。

刨床、插床和拉床是主运动为直线运动的机床，所以常称它们为直线运动机床。

1. 刨床

刨床主要用于加工各种平面、斜面、沟槽及成形表面。其主运动是刀具或工件所作的直线往复运动。它只在一个方向上进行切削,称为工作行程,返程时不进行切削,称为空行程。空行程时刨刀抬起,以便让刀,避免损伤已加工表面,减少刀具的磨损。进给运动是刀具或工件沿垂直于主运动方向所作的间歇运动。由于刨刀结构简单,刃磨方便,在单件、小批生产中加工形状复杂的表面比较经济。但由于其主运动反向时需克服较大的惯性力,限制了切削速度和空行程速度,同时还存在空行程所造成的时间损失,因此,在大多数情况下其生产率较低。这类机床一般适用于单件、小批生产,特别在机修和工具车间,是常用的设备。

目前,在工厂中使用的刨床可分为两大类:牛头刨床和龙门刨床。

1) 牛头刨床

牛头刨床主要用于加工小型零件,其外形如图5-24所示。主运动为滑枕3带动刀架2在水平方向所作的直线往复运动。滑枕3装在床身4顶部的水平导轨中,由床身4内部的曲柄摇杆机构传动实现主运动。刀架2可沿刀架座的导轨上下移动,以调整刨削深度,也可在加工垂直平面和斜面时作进给运动。调整刀架2,可使刀架2左右旋转60°,以便加工斜面或斜槽。加工时,工作台1带动工件沿横梁8作间歇的横向进给运动。横梁可沿床身上的垂直导轨上下移动,以调整工件与刨刀的相对位置。

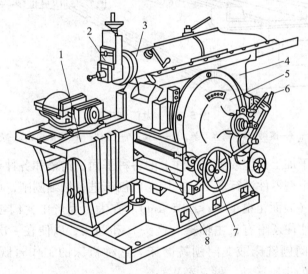

图5-24 牛头刨床外形

1—工作台;2—刀架;3—滑枕;4—床身;5—摇臂机构;6—变速机构;7—进给机构;8—横梁。

牛头刨床主运动的传动方式有机械和液压两种。机械传动常用曲柄摇杆机构,其结构简单、工作可靠、维修方便;液压传动能传递较大的力,可实现无级调速,运动平稳,但结构复杂、成本高,一般用于规格较大的牛头刨床。

牛头刨床工作台的横向进给运动是间歇进行的。它可由机械或液压传动实现,其中机械传动一般采用棘轮机构。

2) 龙门刨床

龙门刨床由顶梁5、立柱6和床身1组成一个龙门框架,其外形如图5-25所示。龙门刨床的主运动是工作台2带动工件沿床身1的水平导轨所作的直线往复运动。横梁3上装有两个垂直刀架4,可分别作横向、垂直进给运动和快速调整移动,以刨削工件的水平面。垂直刀架4的溜板可使刨刀上下移动，作切入运动或刨削垂直平面。垂直刀架的溜板还能绕水平轴调整至一定的角度，以加工倾斜的平面。装在立柱6上的侧刀架9可沿立柱导轨在垂直方向间歇地移动，以刨削工件的垂直平面。横梁3可沿左右立柱的导轨作垂直升降，以调整垂直刀架的位置，适应不同的工件加工。进给箱7共有3个：一个在横梁端，驱动2个垂直刀架；其余两个分装在左右侧刀架上。工作台2、进给箱7及横梁3的升降等都有其单独的电动机。

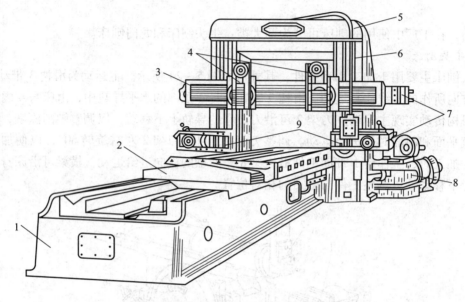

图 5-25 龙门刨床

1—床身；2—工作台；3—横梁；4—垂直刀架；5—顶梁；6—立柱；7—进给箱；8—减速箱；9—侧刀架。

龙门刨床主要用于加工大型或重型零件上的各种平面、沟槽和各种导轨面，也可在工作台上一次装夹数个中小型零件进行加工。应用龙门刨床进行精细刨削，可得到较高的加工精度和较好的表面质量（表面粗糙度 $Ra \leq 2.5\ \mu m$）。在大批生产中龙门刨床常被龙门铣床所代替。大型龙门刨床往往还附有铣主轴箱（铣头）和磨头，以便在一次装夹中完成更多的工序，这时就称为龙门刨铣床或龙门刨铣磨床。这种机床的工作台既可作快速的主运动（刨削），也可作低速的进给运动（铣、磨）。

2. 插床

插床可认为是立式的刨床，由床身、立柱、溜扳、床鞍、圆工作台和滑枕等主要部件组成，其外形如图5-26所示。滑枕8可沿滑枕导轨座上的导轨做上下方向的往复运动，使刀具实现主运动，向下为工作行程，向上为空行程。滑枕导轨座7可以绕销轴6小范围内调整角度，以便于加工倾斜的内外表面。床鞍3和溜板2可分别做横向和纵向进给运动，圆工作台9可绕垂直轴线旋转，完成圆周进给或分度。圆工作台的分度运动由分度装置4来实现。圆工作台9在各个方向上的间歇进给运动是在滑枕8空行程结束后的短时间内进行的。

插床主要用于单件小批生产中加工零件的内表面，例如孔内键槽、方孔、多边形孔和花键孔等，也可加工某些不便于铣削或刨削的外表面（平面或成形面）。其中，用得最多的是插削各种盘类零件的内键槽。

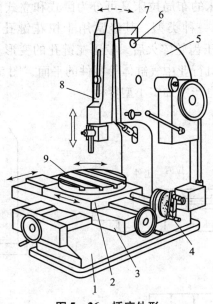

图 5-26 插床外形
1—床身；2—溜板；3—床鞍；4—分度装置；5—立柱；6—销轴；
7—滑枕导轨座；8—滑枕；9—圆工作台。

3. 拉床

拉床是用拉刀进行加工的机床，采用不同结构形状的拉刀，可以完成各种形状的通孔、通槽、平面及成形表面的加工。图 5-27 是适合拉削的典型表面形状。

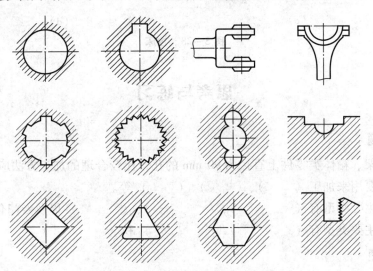

图 5-27 适合拉削的典型表面形状

拉床的运动比较简单，只有主运动而没有进给运动。拉削时，一般由拉刀作低速直线运动，被加工表面在一次走刀中形成。考虑到拉刀承受的切削力很大，同时为了获得平稳的切削运动，所以拉床的主运动通常采用液压传动。

拉床的主参数是额定拉力，通常为 50~400 kN。

拉床按加工表面种类不同可分为内拉床和外拉床。前者用于拉削工件的内表面,后者用于拉削工件的外表面。按机床的布局拉床又可分为卧式和立式两类。图5-28(a)为卧式内拉床,是拉床中最常用的一种类型,其经常用于拉花键孔、键槽和精加工孔。图5-28(b)为立式内拉床,常用于齿轮淬火后,校正花键孔的变形。图5-28(c)为立式外拉床,常用于加工汽车、拖拉机行业中气缸体等零件的平面,图5-28(d)为连续式外拉床,它生产率高,适用于大批量生产中加工小型零件。

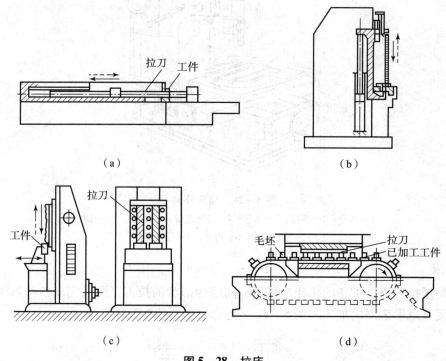

图5-28 拉床

思考与练习

一、填空题

1. 对于支架、箱体类零件上直径为90 mm的孔,比较合理的加工方法应该是(　　)。
2. 铣床主要用来加工(　)、(　)、(　)等。
3. 钻床的主要类型有(　　),(　　),(　　)以及专门化钻床。
4. 镗床的主要类型有(　　),(　　)和(　　)。

二、选择题

1. 加工大中型工件的多个孔时,应选用的机床是(　　)。
   A. 台式钻床　　　　B. 立式钻床　　　　C. 摇臂钻床
2. 摇臂钻床和立式钻床相比,最重要的特点是(　　)。
   A. 可以加工不同高度的工件
   B. 主轴可以调整到加工范围内的任一位置

C. 电动机功率大
3. 下列各种机床中，主要用来加工内孔的机床有（　　）。
   A. 钻床　　　　　　B. 铣床　　　　　　C. 拉床
4. 同插床工作原理相同的机床是（　　）。
   A. 镗床　　　　　　B. 铣床　　　　　　C. 刨床
5. 为防止 Z3040 型摇臂钻床主轴因自重而下落，使主轴升降轻便，该钻床上采用了（　　）平衡机构。
   A. 圆柱弹簧　　　　B. 平面螺旋弹簧　　C. 圆柱弹簧 - 凸轮　　D. 重锤
6. 下列运动中不属于卧式铣镗床工作运动的是（　　）。
   A. 镗轴的轴向进给运动
   B. 平旋盘径向刀具溜板的径向进给运动
   C. 工作台的转位运动
   D. 主轴箱的垂直进给运动
7. 关于拉床的使用范围及类型，下列说法不正确的是（　　）。
   A. 拉床主要用于加工通孔、平面、沟槽及直线成形面
   B. 拉削加工精度较高，表面粗糙度较细
   C. 拉床的主参数是机床最大拉削长度
   D. 一种拉刀只能加工同一形状的表面
8. 立式钻床的主要性能特点是（　　）。
   A. 电动机功率大　　　　　　　　　　B. 可以加工不同高度的工件
   C. 可以加工直径为 50 mm 以上的孔　　D. 主轴轴线可作水平移动
9. 卧式内拉床主要用途是用于（　　）。
   A. 加工工件的内部表面
   B. 加工工件的外部表面
   C. 切削工件
10. 同插床工作原理相同的是（　　）。
    A. 镗床　　　　　　B. 铣床　　　　　　C. 刨床

三、分析计算题

1. 钻床主要有哪几种类型？它们各适用于什么场合？

2. Z3040型摇臂钻床和TP619型卧式铣镗床的主轴支承各采用什么结构？为什么采用这种结构？

3. 单柱、双柱及卧式坐标镗床在布局上各有什么特点？它们各适用于什么场合？

4. 卧式镗床上有哪些工作运动？

5. 写出图5-18中被加工表面的名称及所使用的刀具，并分别说明加工这些表面可采用哪种（或哪几种）类型的铣床为宜？

6. 铣削、刨削和拉削的主运动、进给运动和加工范围有何异同？

7. 卧式铣床、立式铣床和龙门铣床在结构和使用范围有何区别？

8. 牛头刨床和龙门刨床在结构和使用范围上有何区别？龙门刨床和龙门铣床有何区别？

9. 插床和牛头刨床有何区别？插床主要加工哪种表面？

思考与练习答案

项目六 数控机床

学习目标

（1）了解数控机床的产生和发展情况，了解机床数控技术的相关概念。
（2）掌握数控机床的典型机械结构。
（3）了解数控机床的各种类型及加工方法。
（4）理解数控机床的组成、分类和主要功能。
（5）认识数控机床典型部件，会编制简单程序。

任务描述

什么是数控机床？数控机床有何种类型、用途及加工方法？数控机床的机械结构、组成和特点是什么？

相关知识

20世纪人类社会最伟大的科技成果之一是计算机的发明与应用，计算机及控制技术在机械制造设备中的应用是制造业发展最重大的技术进步。自1952年美国第一台数控机床问世至今已历经了六十多年，现代数控机床已包括车、铣、镗、磨、冲压、电加工以及各类专用加工设备，形成了庞大的数控制造设备家族，每年全世界数控机床产量有15万~25万台，产值达数百亿美元。数控机床较好地解决了复杂、精密、小批量、多品种的零件加工问题，是一种柔性的、高效能的自动化机床，代表了现代机床控制技术的发展方向，是一种典型的机电一体化产品。

一、数控机床的基本组成及加工原理

1. 数控机床的产生和发展

数控机床起源于美国。1947年，美国帕森斯（Parsons）公司为了精确地制作直升机机翼、桨叶和飞机框架，提出了用数字信息来控制机床自动加工外形复杂零件的设想，他们利用电子计算机对机翼加工路径进行数据处理，并考虑到刀具直径对加工路径的影响，使得加工精度达到±0.0015 in（0.0381 mm）。1949年，为了能在短时间内制造出经常变更设计的火箭零件，美国空军与帕森斯公司和麻省理工学院（MIT）伺服机构研究所展开合作，于1952年成功研制了世界上第一台数控机床——三坐标立式铣床（如图6-1所示）。该数控机床可控制铣刀进行连续空间曲面的加工，揭开了数控加工技术的序幕。很快数控技术的应用从美国逐步推广到欧洲和日本等国。我国于1958年开始进行数控机床的研制工作,并取得了一定的成效,在某些领域,如大型车铣复合加工中心技术水平已达到了国际先进水平。

图 6-1　第一台数控机床

数控机床的数控系统已先后经历了 2 个阶段、6 个时代的发展:电子管、晶体管、集成电路、小型计算机、微处理器及基于 PC 机的通用 CNC 系统。其中,前三代为第一阶段,称为硬件连接数控(NC 系统),其特点是具有很多硬件电路和连接结点,电路复杂,可靠性不好。小型计算机和微处理器为第二阶段,称作计算机软件系统(CNC 系统),主要由计算机硬件和软件组成,其最突出的特点是利用存储器里的软件控制系统工作,这种系统扩展性好,柔性好,可靠性高。现在,开放式数控系统(ONC 系统)正得到快速发展和应用。即

第一代数控系统:1952—1959 年,出现电子管控制的第一台三坐标立式铣床;

第二代数控系统:1959 年,晶体管问世,数控系统进入第二代,体积大大缩小;

第三代数控系统:1965 年,出现了小规模集成电路,使数控系统的可靠性得到了进一步的提高;

第四代数控系统:1970 年以小型计算机作为控制单元,数控系统进入 CNC 时代;

第五代数控系统:1974 年,微处理器问世,以微处理器和中、大规模集成电路组成的数控系统性能和可靠性大大提升,价格大幅度下降,数控系统进入广泛应用阶段;

第六代数控系统:20 世纪 90 年代后期,出现了 PC + CNC 的开放式数控系统。

PC + CNC 的开放式数控系统优点如下:

(1) 与 PC 硬件的完全通用,使数控系统能随着 PC 技术的升级而升级,系统维护方便;

(2) 充分共享 PC 丰富的软件资源;

(3) 由于 PC 机有标准化接口,方便联入局域网及 Internet,易于实现网络化制造。

2. 数控机床的基本组成

数控机床是利用数控技术,准确地按照事先编制好的程序自动加工出所需工件的机电一体化设备,在现代机械制造中,特别是在航空、航天、造船、国防、汽车、计算机工业中得到广泛应用。由零件的加工过程可知,数控机床通常是由程序载体、数控装置(CNC 装置)、伺服系统、检测与反馈装置、辅助装置和机床本体等组成,如图 6-2 所示。

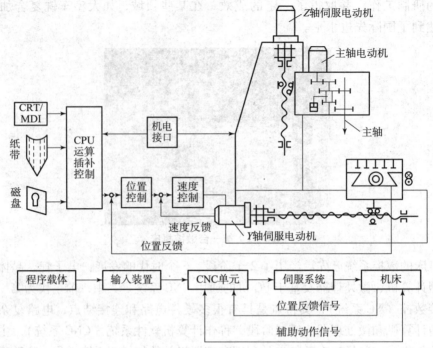

图6-2 数控机床的组成及框图

1) 程序载体

数控机床工作时,不需要人直接操纵机床,但机床又必须执行人的意图。在人与机床之间建立某种联系的中间媒介物称为程序载体。程序载体是用于存取零件加工程序的装置,可将零件的加工程序以一定的格式和代码(包括机床上刀具和零件的相对运动轨迹、工艺参数和辅助运动等)存储在载体上。随着数控装置类型的不同,程序载体有多种形式,常用的有磁盘、U盘和闪存卡等。随着 CAD/CAM 技术的发展,有些现代数控设备可利用 CAD/CAM 软件在其他计算机上编程,然后通过计算机与数控系统通信,将程序和数据直接传给数控装置。

2) 数控装置

数控装置是数控机床的核心,被喻为"中枢系统"。数控装置是数控机床的运算和控制系统,一般由输入接口、存储器、CPU(控制器和运算器)和输出接口等构成。数控装置的功能是根据输入的零件程序和操作指令进行相应的处理(如运动轨迹处理、机床输入/输出处理等),然后输出控制命令到相应的执行部件(伺服单元、驱动装置和 PLC等),从而加工出需要的零件。数控机床配置的数控装置不同,其功能和性能也有很大差异。就目前应用来看,FANUC(日本)、SIEMENS(德国)等公司的数控装置及相关产品,在数控机床行业占据主导地位。我国以华中数控、航天数控为代表,也已将高性能数控系统产业化。

3) 伺服系统

伺服系统是数控系统的执行机构,是 CNC 装置与机床本体的联系环节,它的作用是把来自 CNC 装置的指令信号,经调解、转换、放大后驱动伺服电动机,通过执行部件驱动机床移动部件的运动,使工作台精确定位或使刀具和工件及主轴按规定的轨迹运动,最后加工出符合图纸要求的零件。伺服系统直接影响数控机床的速度、位置、加工精度、表面粗糙度等。

伺服系统包括驱动装置、执行装置两大部分，数控机床的驱动装置包括主轴伺服单元（转速控制）、进给驱动单元（位置和速度控制）、回转工作台和刀库伺服控制装置，以及与它们相对应的交流伺服电动机。

当前数控机床的伺服系统，常用的驱动元件有步进电动机、直流伺服电动机和交流伺服电动机。

4) 检测与反馈装置

检测与反馈装置有利于提高数控机床加工精度。它的作用是：将机床导轨和主轴移动的位移量、移动速度等参数检测出来，通过 D/A 转换变成数字信号，并反馈到数控装置中，数控装置根据反馈回来的信息进行判断并发出指令，纠正所产生的误差。

常用的检测与反馈装置有编码器、光栅、感应同步器、磁栅、霍尔检测元件等。

5) 辅助装置

辅助装置是把计算机送来的辅助控制指令（M.S.T）经机床接口转换成强电信号，用来控制主轴电动机启动、停止和变速，冷却液的开关，分度工作台的转位和自动换刀等动作。它主要包括自动换刀装置（Automatic Tool Changer，ATC）、自动交换工作台机构（Automatic Pallet Changer，APC）、工件夹紧松开机构、回转工作台、对刀仪、液压控制系统、润滑装置、冷却液装置、排屑装置、过载和保护装置等。

6) 机床本体

数控机床的机床本体指其机械结构实体，它是实现零件加工的执行部件。与传统的普通机床相似，数控机床的机床本身由主传动部件（主轴、主运动传动机构）、进给传动部件（工作台、溜板及相应的传动机构）、支承件（床身以及立柱）等部分组成，但数控机床的整体布局、外观造型、传动机构、工具系统及操作机构等方面都发生了很大的变化。为了满足数控技术的要求和充分发挥数控机床的特点，归纳起来包括以下几个方面的变化：

（1）采用高性能主传动系统及主轴传动部件，具有传递功率大、刚度高、抗振性好及热变形小等优点；

（2）进给传动机构采用高效传动装置，具有传动链短、结构简单、传动精度高等特点，一般采用滚珠丝杆螺母副、直线滚动导轨副等；

（3）具有完善的刀具自动交换和管理系统；

（4）机床本身具有很高的动、静刚度；

（5）采用全封闭罩壳，由于数控机床是自动完成加工，为了操作安全等，一般采用移动门结构的全封闭罩壳，对机床的加工部件进行全封闭。

数控机床的性能指标一般有精度指标、坐标轴数、运动性能指标和加工能力指标。数控加工技术正向高速化、精密化、复合化和绿色环保方向发展。

3. 数控机床的工作原理

利用数控机床完成零件数控加工的过程如图 6-3 所示，其主要包括以下内容。

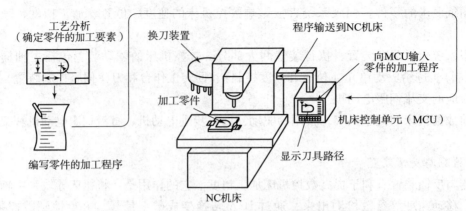

图 6-3 利用数控机床完成零件数控加工的过程

（1）根据零件加工图样进行工艺分析，拟定加工工艺方案、明确工艺参数和尺寸数据。

（2）用规定的程序代码和格式编写零件加工程序，或用 CAD/CAM 软件直接生产零件的加工程序。

（3）程序的输入或传输。由手工编写的程序，可以通过数控机床的操作面板输入；由编程软件生产的程序，通过计算机的串行通信接口直接传输到数控机床的机床控制单元（MCU）。

（4）运行加工程序，进行机床加工试运行、刀具路径模拟等。

（5）通过对机床的正确操作，运行程序，完成零件的加工。

二、机床中有关数控的基本概念

在加工设备中，数字控制（数控）技术是指一种采用计算机对机械加工过程中各种控制信息进行数字化运算、处理，并通过驱动单元对机械执行件进行自动化控制的技术。现在已有大量机械设备采用了数控技术，其中应用面最广的就是数控加工设备（即数控机床）。下面介绍机床中的数字控制及数控技术、数控系统、计算机数控（CNC）系统、开放式CNC系统（开放式数控系统）和数控机床几个概念的定义。

1. 数字控制（数控）及数控技术

一般意义上的数字控制是指用数字化信息对过程进行控制，是相对模拟控制而言的。机床中的数字控制专指用数字化信号对机床的工作过程进行的可编程自动控制，简称为数控（Numerical Control，NC）。这种用数字化信息进行自动控制的技术就称为数控技术（Numerical Control Technology）。

2. 数控系统（Numerical Control System）

数控系统是数控技术相关功能的软、硬件的有机集成系统，它能自动阅读输入载体上事先给定的程序，并将其译码，从而使机床按指令运动并加工零件。在其发展过程中出现了硬件数控系统和计算机数控系统两类。

早期的数控系统主要由数控装置、主轴驱动及其进给驱动装置等部分组成，其数字信息由数字逻辑电路来处理，数控系统的所有功能都由硬件实现，故称为硬件数控系统（NC系统）。

3. 计算机数控系统

计算机数控系统（Computerized Numerical Control，CNC）是以计算机为核心的数控系统，由装有数控系统的专用计算机、输入/输出设备、可编程序控制器（PLC）、存储器、主轴驱动及进给驱动装置等部分组成，习惯上又称为 CNC 系统。由于计算机可完全由软件来确定数字信息的处理过程，从而具有真正的"柔性"，并可处理各种复杂信息，所以 CNC 系统已基本取代硬件数控系统（NC 系统）。

4. 开放式 CNC 系统

IEEE（国际电气电子工程师协会）对开放式 CNC 系统的定义是：一个开放式 CNC 系统，应保证开发的应用软件能在不同厂商提供的不同软件、硬件平台上运行，且能与其他应用软件系统协调工作。根据这一定义，开放式 CNC 系统至少有以下五个特征。

（1）对使用者是开放的，可采用先进的图形交互方式支持下的简易编程方法，使得数控机床的操作更加容易。

（2）对机床制造商是开放的，应允许机床制造商在开放式 CNC 系统软件的基础上开发专用的功能模块及用户操作界面。

（3）对硬件的选择是开放的，即一个开放式 CNC 系统应能在不同的硬件平台上运行。

（4）对主轴及进给驱动系统是开放的，即能控制不同厂商提供的主轴及进给驱动系统。

（5）对数据传输及交换等是开放的。

5. 数控机床

数控机床是指应用数控技术对其加工过程进行自动控制的机床。国际信息处理联盟第五技术委员会对数控机床作了如下定义：数控机床是一种装有程序控制系统的机床，该系统能逻辑地处理具有特定代码或其他符号编码指令规定的程序。

6. 柔性制造单元（Flexible Manufacturing Cell，FMC）

一台数控机床或加工中心装上自动装卸工件的装置，即可构成柔性制造单元。FMC 的结构形式主要有托盘搬运式和机器人搬运式两大类。FMC 投资小，见效快，既可单独长时间用少量人看管运行，也可集成到 FMS 或更高级的集成制造系统中运行。所以近几十年来，它得到快速发展及广泛应用。

7. 柔性制造系统（Flexible Manufacturing System，FMS）

柔性制造系统是 20 世纪 70 年代末发展起来的先进机械加工系统。它是由中央计算机控制的一组数控机床组成的自动化制造系统。它能随机地加工一组具有不同加工顺序及加工循环的工件，实行自动运送材料及计算机控制。尽管 FMS 的规模差异很大，但都必须包含 3 个基本部分：加工系统、传输系统和控制系统，其区别仅在于各个子系统的功能和规模。FMS 控制的机床大都在 10 台以下，其中以 4~6 台的 FMS 居多。

8. 计算机集成制造系统（Computer Integrated Manufacturing System，CIMS）

计算机集成制造系统可以认为是在柔性制造技术、计算机技术、信息技术、自动化和现代管理科学的基础上将制造工厂的全部生产、经营活动所需的各种分布的自动化子系统，通过新的生产管理模式、工艺理论和计算机网络有机地集成起来，以获得适用于多品种、中小批量生产的高效益、高柔性和高质量的智能制造系统。CIMS 包括制造工厂的生产、经营的全部活动，具有经营管理、工程设计和加工制造等主要功能。因此，CIMS 可由管理信息系统、工程设计自动化系统、制造自动化系统、质量保证系统，以及计算机网络和数据系统等分系统组成。

CIMS 技术开发研究最早的是美国，始于 1977 年。近年来，我国已开始在 CIMS 方面进行了跟踪研究和探讨，研制成功的第一个 CIMS 已在试运行阶段。虽然 CIMS 涉及的领域相当广泛，但是，数控机床仍是 CIMS 不可缺少的基本工作单元，高级自动化技术的发展将进一步证明数控机床的价值，并且正在更广阔地拓展数控机床应用领域。

三、数控机床的特点与分类

1. 数控机床的特点

由于数控加工是采用数字信息对零件加工过程进行定义，并控制机床进行自动运行的一种自动化加工方法，数控机床与普通机床相比具有以下几个方面的特点。

（1）可以加工复杂型面工件，能完成普通机床难以完成或根本不能加工的复杂零件加工。例如，采用二轴联动或二轴以上联动的数控机床，可加工母线为曲线的旋转体曲面零件、凸轮零件和各种复杂空间曲面类零件。复杂形状零件在飞机、汽车、造船、模具、动力设备和国防军工等制造部门具有重要地位，其加工质量直接影响整机产品的性能。

（2）自动化程度高，劳动强度低。数控机床对工件的加工是按事先编好的程序自动完成的，工件加工过程中不需要人的干预，加工完毕后自动停车，使操作者的劳动强度与紧张程度大为减轻；再加上数控机床一般都具有较好的安全防护、自动排屑、自动冷却和自动润滑装置，操作者的劳动条件也大为改善。

（3）柔性高，适应性强。用数控机床加工零件，当产品改型时只需重新制作程序载体或重新编制手动输入程序，就能实现对新零件的加工。它不同于普通机床，不需要制作、更换工夹具和模具，更不需要重新调整机床，这为单件、小批量生产以及试制新产品提供了极大的方便，因而，其生产准备时间短，灵活性强。

（4）生产效率高。工件加工所需要的时间主要包括切削时间和辅助时间两部分。数控机床能有效地减少这部分时间。数控机床主轴的转速和进给量的变化范围比普通机床大，使它能选用最有利的切削用量；由于数控机床的结构刚性好，能使用大切削用量的强力切削，提高了机床的切削效率，节省了切削时间，数控机床的移动部件空行程运动速度快，工件装夹时间短，辅助功能比普通机床少。对某些复杂零件的加工，如果采用带有自动换刀装置的数控加工中心，可实现在一次装夹下进行多工序的连续加工，减少了半成品的周转时间，生产率的提高更为明显。

（5）加工精度高，质量稳定。数控系统每输出一个脉冲，机床移动部件的位移量称为脉冲当量。数控机床的脉冲当量一般为 0.001 mm，高精度的数控机床可达 0.000 1 mm，其运动分辨率远高于普通机床。另外，数控机床具有位置检测装置，可将移动部件实际位移量或丝杠、伺服电动机的转角反馈到数控系统，并进行补偿。因此，可获得比机床本身精度还高的加工精度。数控机床加工零件的质量由机床保证，无人为操作误差的影响，所以同一批零件的尺寸一致性好，质量稳定。

（6）有利于生产管理的现代化。用数控机床加工零件，能准确计算出零件的加工工时，有效简化检验、工装和半成品的管理工作,减少因误操作造成废品和损坏刀具的可能性,这有利于提高生产管理水平,实现生产管理的现代化。

(7) 数控机床价格高,维修较难。数控机床配有数控装置或计算机,机床加工精度受切削用量大、连续加工发热多的影响,使其设计要求比普通机床更严格,制造要求更精密,因此制造成本较高。

数控机床的数控系统较复杂,一些元件、部件的精度较高,以及一些进口机床的技术开发受到条件的限制,因此,数控机床的调试和维修都较困难。

2. 数控机床的分类

数控机床的种类很多,从不同角度对其进行考查,就有不同的分类方法,通常有以下几种不同的分类方法。

1) 按工艺用途分类

目前,数控机床的品种规格已达500多种,按其工艺用途可以划分为以下四大类。

(1) 切削加工类数控机床。切削加工类数控机床即具有切削加工功能的数控机床,如数控镗铣床、数控车床、数控磨床、加工中心、数控齿轮加工机床、柔性制造单元(FMC)等,如图6-4所示。

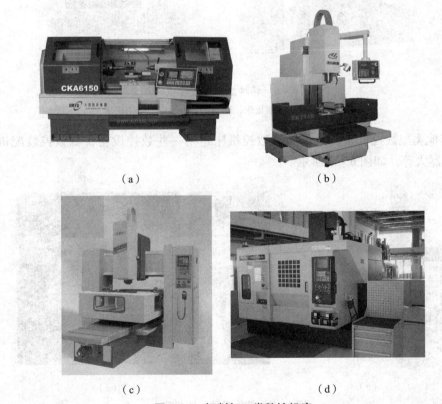

图6-4 切削加工类数控机床
(a) CKA6150型数控车床;(b) XK714B型数控铣床;(c) ZK7432×80型数控铣钻床;(d) 卧式数控加工中心

(2) 成型加工类数控机床。成型加工类数控机床是指采用物理方法改变工件形状功能的数控机床,如数控折弯机、数控剪板机、数控弯管机、数控压力机及数控旋压机等,如图6-5所示。这类机床起步晚,但目前发展很快。

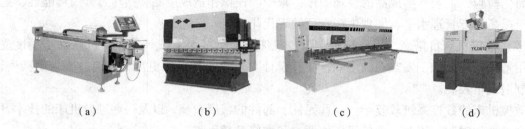

图 6-5 成型加工类数控机床

(a) 数控弯管机；(b) 数控折弯机；(c) 数控剪板机；(d) 数控高效卧式滚齿机

（3）特种加工类数控机床。特种加工类数控机床是指具有特种加工功能的数控机床，如数控电火花线切割机床、数控电火花成型机床、数控激光与火焰切割机等，如图 6-6 所示。

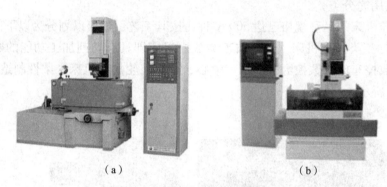

图 6-6 特种加工类数控机床

(a) 数控电火花成型机床；(b) 数控电火花线切割机床

（4）其他类型数控机床。其他类型数控机床是指一些数控设备，如数控装配机、数控测量机、机器人等，如图 6-7 所示。

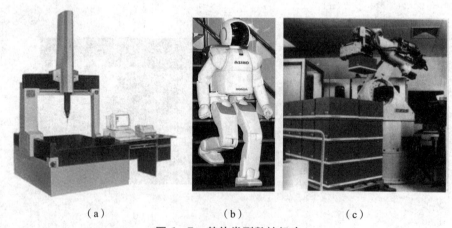

图 6-7 其他类型数控机床

(a) 三坐标测量仪；(b) 仿人机器人；(c) 码垛机器人

加工中心是一种带有自动换刀装置的数控机床，它的出现突破了一台机床只能进行一种工艺加工的传统模式。它是以工件为中心，能实现工件在一次装夹后自动地完成多种工序加工。常见的加工中心有以加工箱体类零件为主的镗铣类加工中心和几乎能够完成各种回转体类零件所有工序加工的车削中心。

近年来一些复合加工的数控机床也开始出现，其基本特点是集中多工序、多刀刃、复合工艺加工在一台设备中完成。

2) 按控制运动的方式分类

数控机床按控制运动的方式可分为点位控制机床、直线控制机床、轮廓控制机床，具体介绍如下。

(1) 点位控制机床：它的特点是刀具相对工件的移动过程中，不进行切削加工，对定位过程中的运动轨迹没有严格要求，只要求从一坐标点到另一坐标点的精确定位，如数控坐标镗床、数控钻床、数控冲床、数控点焊机和数控测量机等都属于此类机床。如图6-8 (a) 所示，这类数控机床的控制系统为点位控制系统，其数控功能主要用于控制加工部位的相对位置精度，而它的加工切削过程还得靠手工控制机械运动来进行。

(2) 直线控制机床：这类数控机床的特点是除了控制起点与终点之间的准确位置外，还要求刀具由一点到另一点之间的运动轨迹为一条直线，并能控制位移的速度，因为这类数控机床的刀具在移动过程中要进行切削加工。直线控制系统的刀具切削路径只沿着平行于某一坐标轴方向运动，或者沿着与坐标轴成一定角度的斜线方向进行直线切削加工，如图6-8 (b) 所示。采用这类控制系统的机床（直线控制机床）有数控车床、数控铣床等。

同时具有点位控制功能和直线控制功能的点位/直线控制系统，主要应用在数控镗铣床、加工中心机床上。

(3) 轮廓控制机床：它又称连续控制机床，其特点是能够同时对两个或两个以上的坐标轴进行连续控制。加工时不仅要控制起点和终点位置，而且要控制两点之间每一点的位置和速度，使机床加工出符合图纸要求的复杂形状（任意形状的曲线或曲面）零件。这类数控机床要求数控机床的辅助功能比较齐全，CNC装置一般都具有直线插补和圆弧插补功能。数控车床、数控铣床、数控磨床、数控加工中心、数控电加工机床、数控绘图机等都为轮廓控制机床。

轮廓控制机床采用轮廓控制系统，绝大多数具有两轴或两轴以上的联动功能，根据它所控制的联动轴数不同，其又可以分为二轴联动、三轴联动、四轴联动、五轴联动等多轴联动数控机床，如图6-8 (c) 所示。多轴联动数控机床通常不仅有刀具半径补偿、刀具长度补偿功能，而且还具有机床轴向运动误差补偿、丝杠、齿轮的间隙补偿等一系列功能。

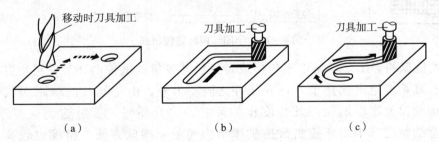

图6-8 数控机床的控制系统

(a) 点位控制系统；(b) 直线控制系统；(c) 轮廓控制系统

3) 按进给伺服系统分类

按数控机床的进给伺服系统有无位置测量装置可分为开环控制数控机床和闭环控制数控

机床,在闭环控制数控机床中根据位置测量装置安装的位置又可分为全闭环控制数控机床和半闭环控制数控机床两种。

(1) 开环控制数控机床。如图6-9所示,开环控制数控机床的控制系统没有位置测量装置,伺服驱动部件通常为反应式步进电动机或混合式伺服步进电动机。机床中数控系统每发出一个进给指令,经驱动电路功率放大后,驱动步进电动机旋转一个角度,再经过齿轮减速装置带动丝杠旋转,通过丝杠螺母机构转换为移动部件的直线位移。开环控制数控机床具有结构简单、工作稳定、调试方便、维修简单、价格低廉等优点,在精度和速度要求不高、驱动力矩不大的场合得到广泛应用。但由于步进电动机的低频共振、丢步等原因,使其应用逐渐减少。在我国,经济型数控机床一般为开环控制数控机床。

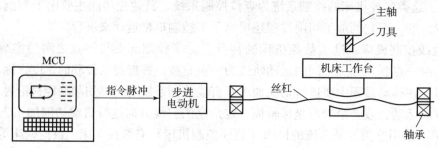

图6-9 开环控制数控机床

(2) 半闭环控制数控机床。如图6-10所示,半闭环控制数控机床是在伺服电动机的轴或数控机床的丝杠上装有位置测量装置(如光电编码器等),通过检测丝杠的转角间接地检测移动部件的实际位移,然后反馈到数控装置中去,并对误差进行修正。通过测速元件和光电编码器可间接检测出伺服电动机的转速,从而推算出工作台的实际位移量,将此值与指令值进行比较,用差值来实现控制。

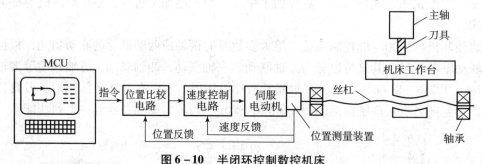

图6-10 半闭环控制数控机床

在此类机床的半闭环环路中不包括或者只包括少量机械传动环节,可得到较稳定的控制性能,其系统稳定性介于开环和闭环之间。另外,由于丝杠的螺距误差和齿轮间隙引起的运动误差难以消除,其精度比闭环差,比开环好。若对这类误差进行补偿,可获得满意的精度。半闭环控制数控机床结构简单、调试方便、精度也较高,在生产加工中得到了广泛应用。

(3) 闭环控制数控机床。如图6-11所示,闭环控制数控机床是在机床移动部件上直接安装位置检测装置,直接对工作台的实际位移进行检测,将测量的实际位移值反馈到数控装置中,与输入的指令位移值进行比较,用差值对机床进行控制,使移动部件按照实际需要的位移量运动,最终实现移动部件的精确运动和定位。从理论上讲,闭环控制数控机床内的闭环系统运动精度主要取决于检测装置的检测精度,与传动链的误差无关,因此其控制精度高。但由于位置环内的许多机械传动环节的摩擦特性、刚性和间隙都是非线性的,很容易造成系统的不稳定,使得闭环系统的设计、安装和调试都相当困难。精度要求很高的镗铣床、超精车床、超精磨床等都属于此类机床。

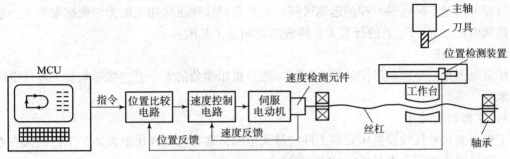

图 6-11 闭环控制数控机床

近些年出现了一种采用混合控制的数控机床,它是将上述 3 种形式有选择地集中起来,特别适用于大型数控机床,因为大型数控机床需要较高的进给速度和返回速度,又需要相当高的精度,如采用全闭环控制,机床传动链和工作台全置于控制环中,因素十分复杂,难以调试稳定。现在采用半闭环和闭环混合控制方式的数控机床越来越多。

4) 按数控系统功能水平分类

按数控系统功能水平不同,数控机床可分为低、中、高三档。这种分类方式,在我国广泛使用。低、中、高档的界线是相对的,不同时期的划分标准有所不同。就目前的发展水平来看,数控系统可以根据表 6-1 的一些功能和指标进行区分。其中,中、高档数控系统一般称为全功能数控或标准型数控。另外,在我国还有经济型数控的提法。经济型数控属于低档数控系统,是由单片机和步进电动机组成的数控系统,或其他功能简单、价格低的数控系统。经济型数控主要用于车床、线切割机床,以及旧机床改造等。

表 6-1 数控系统不同档次的功能及指标表

功能	低档	中档	高档
分辨率/(μm)	10	1	0.1
进给速度/(m·min^{-1})	8~15	15~24	15~100
伺服类型	开环	半闭环或闭环的直流或交流伺服系统	
联动轴数	2~3	2~4	3~5 以上
通信功能	一般无	RS-232 或 DNC 接口	可有 MAP 通信接口[①],有联网能力
显示功能	LED 或简单的 CRT	较齐全的 CRT 显示[②]	还有三维图形显示
内装 PLC	无	有	功能强大的内装 PLC
主 CPU	8 位、16 位	32 位以上或 32 位以上的多 CPU	
结构	单片机或单板机	单微处理器或多微处理器	分布式多微处理器

注:① MAP(Manufacturing Automation Protocol)即制造自动化协议。
② 较齐全的 CRT 显示是指具有字符、图形、人机对话、自诊断等功能的显示。

四、数控机床的规格与性能指标

1. 数控机床的规格指标

数控机床的规格指标是指数控机床的基本能力指标,主要有以下几方面。

1) 行程范围

行程范围是指坐标轴可控的运动区间,它是直接体现机床加工能力的指标参数,一般指数控机床坐标轴 X、Y、Z 的行程大小构成的空间加工范围。

2) 摆角范围

摆角范围是指坐标轴可控的摆角区间,数控机床摆角的大小也直接影响加工零件空间部位的能力。

3) 工作台面尺寸

工作台面尺寸反映该机床安装工件的最大范围,通常应选择比最大加工工件稍大一点的面积,这是因为要预留夹具所需的空间。

4) 承载能力

承载能力反映该机床能加工零件的最大重量。

5) 主轴功率和进给轴扭矩

主轴功率和进给轴扭矩反映数控机床的加工能力,同时也可以间接反映该数控机床的刚度和强度。

6) 刀库容量和换刀时间

刀库容量和换刀时间对数控机床的生产效率有直接影响。刀库容量是指刀架位数或刀库能存放刀具的数量,目前常见的小型加工中心的刀库容量为 16~60 把,大型加工中心可达 100 把以上。换刀时间指将正在使用的刀具与装在刀库上的下一工序需用的刀具交换所需要的时间,目前国内数控机床一般换刀时间为 5~10 s,国外数控机床换刀时间为 2~3 s。

7) 控制轴数和联动轴数

数控机床的控制轴数是指机床数控装置能够控制的坐标数目。一般,数控机床的控制轴数和数控装置的运算处理能力、运算速度及内存容量等有关。机床上的运动越多,控制轴数就越多,功能就越强,机床的复杂程度和技术含量也就越高。

数控机床的联动轴数是指机床数控装置控制的坐标轴同时达到空间某一点的坐标数目,它反映数控机床的曲面加工能力。目前有两轴联动、三轴联动、四轴联动和五轴联动(如图 6-12 所示)等数控机床。三轴联动的数控机床通常是 X、Y、Z 3 个直线坐标联动,可以加工空间复杂曲面,多用于数控铣床;四轴或五轴联动数控机床可以同时控制 X、Y、Z 3 个直线坐标轴,以及与一个或者两个围绕这些直线坐标轴旋转的坐标轴,可以加工叶轮和螺旋桨等零件;而两轴半联动数控机床是特指控制轴数为三轴,而联动轴数为两轴的数控机床。

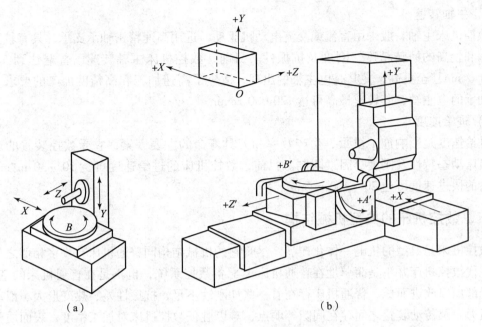

图 6-12 多轴联动数控机床

(a) 四轴联动数控机床；(b) 五轴联动数控机床

2. 数控机床的性能指标

数控机床的性能指标有以下几种。

1) 定位精度和重复定位精度

定位精度是指数控机床工作台等移动部件实际运动位置与指令位置的一致程度，其不一致的差量即为定位误差。引起定位误差的因素包括伺服系统、检测系统、进给传动系统及移动部件导轨的几何误差等。定位误差直接影响加工零件的尺寸精度。重复定位精度是指在相同操作方法和条件下，多次完成规定操作后得到结果的一致程度。重复定位精度受伺服系统特性、进给传动系统的间隙与刚性，以及摩擦特性等因素的影响。一般情况下，重复定位精度是呈正态分布的偶然性误差，它会影响批量加工零件的一致性，是一项非常重要的性能指标。一般数控机床的定位精度为 ±0.01 mm，重复定位精度为 ±0.005 mm。

2) 分辨率与脉冲当量

分辨率是指两个相邻的分散细节之间可以分辨的最小间隔。对测量系统来讲，分辨率是可以测量的最小位移量；对控制系统来讲，分辨率是可以控制的最小位移量。

脉冲当量是指数控装置每发出一个脉冲信号，机床移动部件所产生的位移量。脉冲当量是设计数控机床的原始数据之一，其数值大小决定数控机床的加工精度和表面质量。目前，简易数控机床的脉冲当量一般为 0.01 mm；普通数控机床的脉冲当量一般为 0.001 mm；精密或超精密数控机床的脉冲当量为 0.000 1 mm。脉冲当量越小，数控机床的加工精度和表面质量越高。

3) 分度精度

分度精度是指分度工作台在分度时，实际回转角度与指令回转角度的差值。分度精度既影响零件加工部位在空间的角度位置，也影响孔系加工的同轴度等。

4) 主轴转速

数控机床主轴一般采用直流或交流电动机驱动，选用高速精密轴承支承，具有较宽的调速范围和较高的回转精度、刚度及抗振性。目前，数控机床主轴转速已普遍达到 5 000 ~ 10 000 r/min 甚至更高，尤其是电主轴的出现，适应了高速加工和高精度加工的要求，采用空气轴承的电主轴，其转速最高可达 120 000 r/min。

5) 进给速度

进给速度是影响加工质量、生产效率和刀具寿命的主要因素，它受数控装置的运算速度、机床动态特性及刚度等因素限制。目前，数控机床的进给速度可达 10 ~ 30 m/min，不加工时的快进速度可达 20 ~ 100 m/min。

五、数控机床的典型机械结构

数控机床是典型的机电一体化产品，尽管它的机械结构同普通机床有许多相似之处，然而，现代数控机床并不是简单地在普通机床上配备数控系统，也不是在普通机床的基础上，仅对局部加以改进而成。普通机床存在着一些如刚性不足、抗振性差、热变形大、滑动面的摩擦阻力大及传动装置之间存在间隙等弱点，难以胜任数控机床对加工精度、表面质量、生产率，以及使用寿命等要求。现代数控机床，特别是加工中心，无论是其基础大件、主传动系统、进给传动系统、刀具系统、辅助功能等部件结构，还是整体布局、外部造型等都已发生了很大的变化，已形成数控机床的独特机械结构。

1. 数控机床的结构特点

由于数控机床的控制方式和使用特点，数控机床与普通机床相比在机械传动和结构上有显著的不同，其特点如下。

（1）传动机构简约化。采用高性能的无级变速主轴及伺服系统，机械传动结构大为简化，传动链缩短。

（2）支承件的高刚度化。采用刚度和抗振性较好的机床新结构，如动静压轴承的主轴部件、钢板焊接结构的支承件等。

（3）传动装置精密化。如滚珠丝杠螺母副、静压蜗杆副以及滚动导轨、静压导轨和塑料滑动导轨都为精密化的传动装置。

（4）自动化程度高、操作方便。数控机床采用多主轴、多刀架以及带刀库的自动换刀装置、刀具与工件的自动夹紧装置和自动排屑、自动润滑冷却装置等，以改善劳动条件、提高生产率。

（5）热稳定性好。数控机床采取减小机床热变形的措施，以保证机床的精度稳定，获得可靠的加工质量，如采用低摩擦系数的导轨和轴承，主轴箱采用强制外循环润滑冷却，立柱采取双壁框式结构等。

2. 数控机床主传动系统

数控机床的主传动系统是用来实现机床的主运动的，它将主轴电动机的原动力变成可供主轴上刀具切削加工的切削力矩和切削速度。它的精度决定了零件的加工精度，数控机床的主传动系统承受主切削力，它的功率大小与回转速度直接影响机床的加工效率。

数控机床的主传动系统包括主轴电动机、传动系统和主轴组件。与普通机床的主传动系统相比，数控机床的主传动系统在结构上比较简单。这是因为变速功能全部或大部分由主轴电动机的无级调速来实现，省去了繁杂的齿轮变速机构；有些只有二级或三级齿轮变速系统用以扩大电动机无级调速的范围。

1）对主轴驱动的要求

数控机床的主轴驱动是指产生主切削运动的传动，它是数控机床的重要组成部分之一。随着数控技术的不断发展，传统的主轴驱动已不能满足要求，现代数控机床对主轴驱动提出了更高的要求，具体如下。

（1）调速范围宽、并实现无级调速。为适应各种工序和不同材料加工的要求，需要较宽的变速范围，且要求在整个速度范围内均能够提供切削所需的功率或扭矩。特别是对于具有自动换刀装置的加工中心，为适应各种刀具、各种材料的加工，对主轴的调速范围要求更高。

（2）转速高，功率大。这项要求能使数控机床进行大功率切削和高速切削，实现高效率加工。

（3）较高的回转精度和良好的动态响应性能。应减少传动链，提高主轴部件刚度和抗振性、热稳定性，变速时自动加减速时间应短，调速运转平稳。应能对主轴负载进行检测控制，有过载报警功能。

（4）有旋转轴联动功能。要求主轴能与其他进给轴同时实现联动控制，如在车螺纹、攻丝等加工时，主轴转速与直线坐标轴进给速度之间应保持一定的联动关系。

（5）具有恒线速切削功能。如利用车床和磨床进行工件端面加工时，为了保证端面加工时粗糙度的一致性，要求刀具切削的线速度为恒定值，这就要求主轴转速能随着车削直径的改变而自动变化。

（6）主轴准停控制功能。在加工中心上自动换刀时或执行某些特定的加工动作时，要求主轴需停在一个固定不变的方位上，这就需要主轴有高精度的准停控制功能。

2）主轴调速方法

数控机床的主轴调速是按照控制指令自动执行的，为了能同时满足对主传动调速和输出扭矩的要求，数控机床常采用机电结合的方法，即同时采用电动机调速和齿轮变速两种方法。其中，齿轮变速用于增大输出扭矩，并配合齿轮换挡来扩大调速范围。

（1）电动机调速。用于主轴调速的调速电动机主要有直流主轴电动机和交流主轴电动机两大类。

① 直流主轴电动机调速。通常在数控机床中，为扩大调速范围，对直流主轴电动机的调速，采用改变电枢电压（降压调速）或改变励磁电流（弱磁调速）的方法实现无级调速，降压调速可获得恒转矩，弱磁调速可获得恒功率输出。

② 交流主轴电动机调速。大多数交流进给伺服电动机采用永磁式同步电动机，但交流主轴电动机则多采用鼠笼式感应电动机，这是因为受永磁体的限制，永磁式同步电动机的容量不允许做得太大，而且其成本也很高。另外，数控机床主轴传动系统不必像进给传动系统那样，需要如此高的动态性能和调速范围。鼠笼式感应电动机其结构简单、便宜、可靠，配上矢量变换控制的主轴驱动装置则完全可以满足数控机床主轴的要求。

交流主轴电动机目前广泛采用矢量控制的变频调速方法，其中使用的变频器应同时有调频兼调压的功能以适应负载特性的要求。

（2）齿轮变速。采用电动机无级调速，使主轴齿轮箱的结构大大简化，但其低速段输出扭矩常常无法满足机床强力切削的要求。若片面追求无级调速，势必要增大主轴电动机的功率，从而使主轴电动机与驱动装置的体积、重量及成本大大增加。因此，数控机床常采用1～4挡齿轮变速与无级调速相结合的方式，即所谓分段无级变速。

3）主轴驱动方式

数控机床的主轴驱动方式主要有四种配置方式，如图6-13所示。

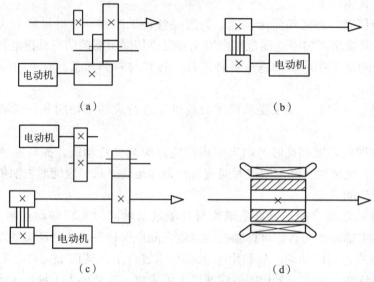

图6-13　数控机床的主轴驱动方式
(a) 带有变速齿轮的主传动；(b) 带传动的主传动；
(c) 用两个电动机分别驱动主轴的主传动；(d) 调速电动机直接驱动主轴的主传动

（1）带有变速齿轮的主传动：这是大、中型数控机床采用较多的一种变速方式。如图6-13（a）所示，它采用少数几对齿轮降速，使主轴实现分段无级变速，扩大了输出扭矩，以满足主轴低速时对输出扭矩的要求。一部分小型数控机床也采用此种传动方式以获得强力切削时所需要的扭矩。其特点如下。

① 在带有齿轮变速的分段无级变速系统中，主轴的正、反向起动与停止、制动是由电动机实现的，主轴变速则由电动机无级变速与齿轮有级变速相配合来实现。

② 变挡时，滑移齿轮的位移大都采用液压拨叉或直接由液压缸带动齿轮来实现。这种配置适合于大中型机床，确保主轴低速时输出大扭矩、高速时输出恒功率特性的要求。另外，一部分小型数控机床也采用这种传动方式，以获得强力切削时所需的扭矩。

（2）带传动的主传动：这种传动主要应用在转速较高、变速范围不大的小型数控机床上，如图6-13（b）所示。电动机本身的调整就能够满足要求，不用齿轮变速，可避免由齿轮传动时引起振动和噪声。它适用于高速低扭矩特性的主轴，常用的带有多楔带和同步齿形带。

数控机床上应用的多楔带又称为复合三角带，横向断面呈多个楔形，传递负载主要靠强力层，如图6-14（a）所示。强力层中有多根钢丝绳或涤纶绳，具有较小的伸长率、较大的抗拉强度和抗疲劳强度。多楔带综合了V带和平带的优点，运转时振动小、发热少、运

· 166 ·

转平稳、重量小，可在 40m/s 的线速度下使用。此外，多楔带与带轮的接触好，负载分布均匀，即使瞬时超载，也不会产生打滑，而传动功率比 V 带大 20%～30%，因此能够满足主传动要求的高速、大转矩和不打滑的要求。但多楔带安装时需较大的张紧力，使得主轴和电动机承受较大的径向负载，这是多楔带的一大缺点。

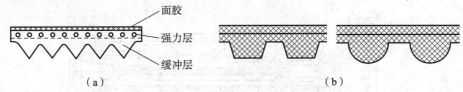

图 6-14　多楔带和同步齿形带结构形式
(a) 多楔带；(b) 同步齿形带

同步齿形带传动是一种综合了带、链传动优点的新型传动方式。按齿形不同同步齿形带又可分为梯形齿和圆弧齿 [见图 6-14 (b)] 两种。同步齿形带的结构和传动如图 6-15 所示，带的工作面及带轮外圆均制成齿形，通过带齿与轮齿相嵌合，作无相对滑动的啮合传动。其中，梯形齿多用在转速不高或小功率动力传动中，而圆弧齿多用在数控加工中心等要求较高的数控机床主传动系统中。同步齿形带采用受载后无弹性变形的材料做强力层，以保持带的节距不变，使主、从动带轮进行无相对滑动的同步传动。与一般带传动相比，同步齿形带传动具有以下优点：

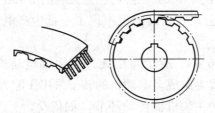

图 6-15　同步齿形带的结构和传动

① 传动效率高，传动效率可达 98% 以上；
② 无滑动，传动比准确；
③ 传动平稳，噪声小；
④ 使用范围较广，速度可达 50 m/s，速比可达 10 左右，传递功率可由几瓦至数千瓦；
⑤ 维修保养方便，不需要润滑。

不足之处是，同步齿形带安装时中心距要求严格，带与带轮制造工艺较复杂，成本较高。同步齿形带主要在小型数控机床和数控车床上使用。该传动方式传动平稳、结构简单、安装调试方便，避免了齿轮传动引起的振动和噪声，只适用于低扭矩特性要求的主轴，调速范围比（恒功率调速范围与恒扭矩调速范围之比）受电动机调速范围比的约束。

(3) 用两个电动机分别驱动主轴的主传动。用两个电动机分别驱动主轴的主传动是上述两种方式的混合传动，具有上述两种方式的性能，如图 6-13 (c) 所示。高速时，通过皮带直接驱动主轴旋转；低速时，由另一个电动机通过齿轮传动驱动主轴旋转，齿轮起到降速和扩大变速范围的作用，这样就使恒功率区增大，扩大了变速范围，避免了低速时扭矩不够且电动机功率不能充分利用的问题。但两个电动机不能同时工作，也是一种浪费。

(4) 调速电动机直接驱动主轴的主传动。图6-13 (d) 为调速电动机直接驱动主轴的主传动。该种方式下电动机的转子直接装在主轴上,因而大大简化了主轴箱体与主轴的结构,有效提高了主轴刚度。但主轴输出扭矩小,电动机的发热对主轴精度影响较大,如图6-16所示。

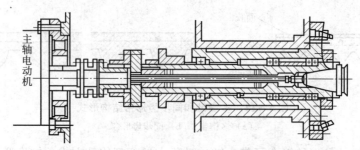

图6-16 调速电动机直接驱动主轴的主传动

(5) 电主轴。电主轴是高频主轴(High Frequency Spindle)的简称,也称为直接传动主轴(Direct Drive Spindle),是内装式电动机主轴单元。它把机床主传动链的长度缩短为零,实现了机床的"零传动",具有结构紧凑、机械效率高、可获得极高的回转速度、回转精度高、噪音低、振动小等优点,在现代数控机床中获得了广泛的应用。目前,电主轴已成为一种机电一体化的高科技产品,由一些技术水平很高的专业工厂生产,如瑞士的FISCHER公司、德国的GMN公司、美国的PRECISE公司、意大利的GAMFIOR公司、日本的NSK公司和KOYO公司、瑞典的SKF公司等,国内也出现了一批生产电主轴的优秀企业,如洛阳轴承研究所、广州昊志等。

电主轴驱动系统(如图6-17所示)由无外壳主轴电动机、主轴、轴承、主轴箱体、主轴电气驱动模块和冷却装置等组成。电动机的转子采用压配方法与主轴做成一体,从而取消了从主电动机到主轴之间的一切机械传动环节(如传动带、齿轮、离合器等),实现了主电动机与机床主轴的一体化,使机床的主传动系统实现了所谓的"零传动"。

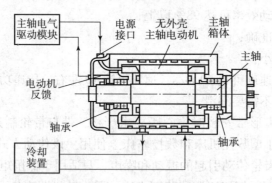

图6-17 电主轴驱动系统组成

电主轴的基本参数和主要规格包括:套筒直径、最高转速、输出功率、计算转速、计算转速转矩和刀具接口等。在高速加工机床上,大多数使用电动机转子和主轴一体的电主轴,可以使主轴达到每分钟数万转,甚至几十万转的高速,主传动系统的结构更简单、刚性更好。

高速电主轴的热稳定性问题是该类型主轴需要解决的关键问题之一。由于电主轴将电动机集成于主轴部件的结构中，使电动机成为一个内部热源。电动机的发热主要有定子绕组的铜耗发热及转子的铁损发热，其中定子绕组的发热量占电动机总发热量的 2/3 以上。另外，电动机转子在主轴壳体内的高速搅动，使内腔中的空气也会发热，这些热源产生的热量主要通过主轴壳体和主轴进行散热，所以电动机产生的热量有相当一部分会通过主轴传到轴承上去，因而影响轴承的寿命，并且会使主轴产生热伸长，影响加工精度。

为改善电主轴的热特性，应采取一定的措施和设置专门的冷却系统。

电主轴除可满足各类高速切削的要求外，还可与各种规格锥柄配套，用于普通加工中心、铣床、钻床作增速用。最近还出现轴承寿命更长的液体静压轴承和磁悬浮轴承配套的电主轴，以及交流永磁同步电动机电主轴。

4）主轴部件的结构

数控机床的主轴部件是主运动的执行部件，它夹持刀具或工件，并带动其旋转。主轴部件既要满足精加工时高精度的要求，又要具备粗加工时高效切削的能力，因此在旋转精度、刚度、抗振性和热变形等方面，都有很高的要求。主轴部件包括主轴端部、主轴支承以及安装在主轴上的传动零件，对于具有自动换刀功能的数控机床还有刀具夹紧机构及吹屑装置、主轴准停装置等。

(1) 主轴端部。主轴端部用于安装刀具或夹持安装工件的夹具，在设计要求上，应能保证定位准确，夹紧牢固可靠，能传递足够大的扭矩，安装、拆卸方便。主轴端部的结构已经标准化，如图 6-18 为几种通用的结构形式。

图 6-18 (a) 为数控车床的主轴端部，为短锥法兰式结构。它以短锥和轴肩端面作定位面，卡盘、拨盘等夹具通过卡盘座，用四个双头螺柱及螺母固定在主轴上。安装卡盘时，只需将预先拧紧在卡盘座上的双头螺柱及螺母一起通过主轴的轴肩和锁紧盘的圆柱孔，然后将锁紧盘转过一个角度，使双头螺柱进入锁紧盘宽度较窄的圆弧槽内，把螺母卡住，然后拧紧螺钉和螺母，就可以使卡盘或拨盘可靠地安装在主轴的前端。这种结构定心精度高，装卸方便，夹紧可靠，主轴前端悬伸长度较短，连接刚度好，应用广泛。

图 6-18 (b) 为铣、镗类机床的主轴端部。铣刀或刀杆由前端 7:24 的锥孔定位，并用拉杆从主轴后端拉紧，前端的端面键用于传递扭矩。

图 6-18 (c) 为外圆磨床砂轮的主轴端部。

图 6-18 (d) 为内圆磨床砂轮的主轴端部。

图 6-18 (e) 为钻床与普通镗床镗轴端部，刀具由莫氏锥孔定位，锥孔后端第一个扁孔用于传递扭矩，第二个扁孔用于拆卸刀具。

图 6-18 (f) 为数控镗床的镗轴端部，图中 7:24 的锥孔设有自锁作用，便于自动换刀时拔出刀具。

(2) 主轴支承。数控机床主轴支承根据主轴部件对转速、承载能力、回转精度等性能要求采用不同种类的轴承。中小型数控机床（如车床、铣床、加工中心、磨床）的主轴支承多采用滚动轴承；重型数控机床采用液体静压轴承；高精度数控机床（如坐标磨床）采用气体静压轴承；转速达（2~100 000 r/min）的主轴可采用磁力轴承或陶瓷滚珠轴承。如图 6-19 所示为主轴常用的几种滚动轴承类型。

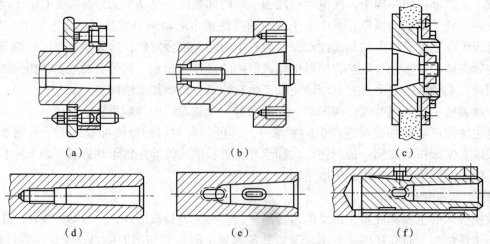

图 6-18 主轴端部的结构形式

(a) 数控车床主轴端部；(b) 铣、镗类机床主轴端部；(c) 外圆磨床砂轮主轴端部；
(d) 内圆磨床砂轮主轴端部；(e) 钻床与普通镗床镗轴端部；(f) 数控镗床镗轴端部

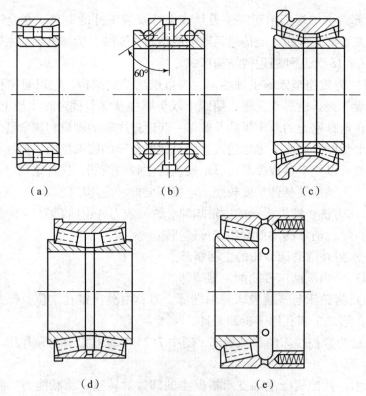

图 6-19 主轴常用的几种滚动轴承类型

(a) 双列圆柱滚子轴承；(b) 双列推力向心球轴承；(c) 双列圆锥滚子轴承；
(d) 带凸缘双列圆柱滚子轴承；(e) 带弹簧的单列圆锥滚子轴承

数控机床采用滚动轴承作为主轴支承时，主要有以下几种不同的配置形式，如图 6-20 所示。

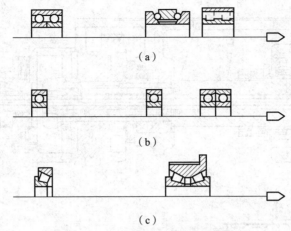

图6-20 数控机床主轴轴承配置形式

① 前支承采用双列圆柱滚子轴承和60°角接触双列推力向心球轴承组合,承受径向和轴向载荷,后支承采用成对角接触球轴承,如图6-20(a)所示。这种配置形式是现代数控机床主轴支承中刚性最好的一种,它使主轴的综合刚度得到大幅度提高,可以满足强力切削的要求,目前各类数控机床的主轴支承普遍采用这种配置形式。

② 采用高精度双列角接触球轴承,如图6-20(b)所示。角接触球轴承具有良好的高速性能,主轴最高转速可达4 000 r/min,但它的承载能力小,因而适用于高速、轻载和精密的数控机床主轴。在加工中心的主轴中,为了提高承载能力,有时应用3个或4个角接触球轴承组合的前支承,并用隔套实现预紧。

③ 采用双列和单列圆锥轴承,如图6-20(c)所示。这种配置形式径向和轴向刚度高,能承受重载荷,尤其能承受较强的动载荷,安装与调整性能好,但限制了主轴的最高转速和精度,因此适用于中等精度、低速与重载的数控机床主轴。

(3) 刀具夹紧机构和吹屑装置。在自动换刀的数控机床中,为实现刀具在主轴上的自动装卸,其主轴必须设计有刀具夹紧机构。自动换刀立式铣镗床主轴的刀具夹紧机构如图6-21所示。

刀夹1以锥度为7∶24的锥柄在主轴3前端的锥孔中定位,并通过拧紧在锥柄尾部的拉钉2拉紧在锥孔中。夹紧刀夹时,液压缸上腔接通回油,弹簧11推活塞6上移,处于图6-21所示的位置,拉杆4在碟形弹簧5作用下向上移动;由于此时装在拉杆前端径向孔中的钢球12,进入主轴孔中直径较小的d_2处(见图6-21),被迫径向收拢而卡进拉钉2的环形凹槽内,因而刀杆被拉杆拉紧,依靠摩擦力紧固在主轴上。切削扭矩则由端面键13传递。换刀前需将刀夹松开时,液压油进入液压缸上腔,活塞6推动拉杆4向下移动,碟形弹簧被压缩;当钢球12随拉杆一起移至进入主轴孔直径较大的d_1处时,它就不再能约束拉钉的头部,紧接着拉杆前端内孔的台肩端面碰到拉钉,把刀夹顶松。此时行程开关10发出信号,换刀机械手随即将刀夹取下。与此同时,压缩空气由管接头9经活塞和拉杆的中心通孔吹入主轴装刀孔内,把切屑或脏物清除干净,以保证刀具的安装精度。机械手把新刀装上主轴后,液压缸7接通回油,碟形弹簧又拉紧刀夹。刀夹拉紧后,行程开关8发出信号。

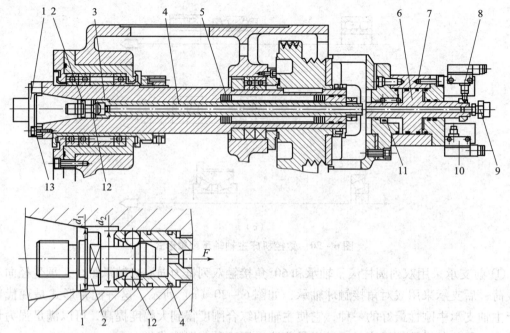

图 6-21 自动换刀立式铣镗床主轴的刀具夹紧机构（JCS-018）

1—刀夹；2—拉钉；3—主轴；4—拉杆；5—碟形弹簧；6—活塞；7—液压缸；
8、10—行程开关；9—管接头；11—弹簧；12—钢球；13—端面键。

自动清除主轴孔中切屑和灰尘是换刀操作中的一个不容忽视的问题。如果在主轴锥孔中掉进了切屑或其他污物，在拉紧刀杆时，主轴锥孔表面和刀杆的锥柄就会被划伤，甚至使刀杆发生偏斜，破坏了刀具的正确定位，影响加工零件的精度，甚至使零件报废。为了保持主轴锥孔的清洁，在刀具夹紧机构中设有吹屑装置，并常用压缩空气吹屑。图 6-21 的活塞 6 的中心钻有压缩空气通道，当活塞向左移动时，压缩空气经拉杆 4 吹出，将主轴锥孔清理干净。喷气头中的喷气小孔要有合理的喷射角度，并均匀分布，以提高吹屑效果。

（4）主轴准停装置。主轴准停功能又称为主轴定位功能，即当主轴停止时，能够准确地停于某一固定的位置。在自动换刀的数控机床上，每次自动装卸刀具时，都必须使主轴准确地停在固定不变的周向位置上，以保证自动换刀时主轴上的端面键能对准刀柄上的键槽，同时使每次装刀时刀柄与主轴的相对位置不变，提高刀具的重复安装精度，从而可提高孔加工时孔径的一致性。

目前，主轴准停装置很多，主要分为机械式和电气式两种。JCS-018 加工中心采用电气式准停装置，见图 6-22。其具体工作原理如下。

在带动主轴旋转的多楔带轮 1 的端面上装有一个垫片 4，垫片上装有一体积很小的永久磁铁 3，在主轴箱箱体上对应于主轴准停的位置装有磁传感器 2。当机床需要停车换刀时，数控装置发出主轴停转的指令，主轴电动机立即降速，在主轴以最低转速慢转几圈、永久磁铁 3 对准磁传感器 2 时，磁传感器发出准停信号，该信号经放大后，由定向电路控制主轴电动机停在规定的周向位置上。

3. 数控机床进给传动系统

数控机床的进给传动系统常用伺服进给传动系统来工作，它将伺服电动机的旋转运动转

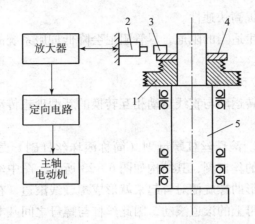

图 6-22 JCS-018 加工中心的电气式准停装置
1—多楔带轮；2—磁传感器；3—永久磁铁；4—垫片；5—主轴

变为执行部件的直线移动或回转运动。典型的数控机床闭环控制进给传动系统，通常由位置比较、放大元件、驱动单元、机械传动装置和检测反馈元件等部分组成，而其中的机械传动装置，是指将驱动源（即电动机）的旋转运动变为工作台或刀架直线运动的整个机械传动链，包括齿轮传动副、滚珠丝杆螺母副、减速装置和蜗杆蜗轮等中间传动机构。另外，导轨的性能对进给传动系统的影响也是不容忽视的。

进给传动系统是保证刀具与工件相对位置的重要部件，被加工工件的轮廓精度和位置精度都受到进给运动的传动精度、灵敏度和稳定性的影响。

1) 数控机床进给传动系统的性能特点

(1) 运动件的摩擦阻力小。进给传动系统的摩擦阻力一方面会降低传动效率，产生摩擦热；另一方面还直接影响系统的快速响应特性；动、静摩擦阻力之差会产生爬行现象，因此必须有效地减少运动件之间的摩擦阻力。

进给传动系统中的摩擦阻力主要来自丝杠螺母副和导轨，所以，改善丝杠和导轨结构是降低摩擦阻力的目标之一。

在数控机床进给传动系统中，普遍采用滚珠丝杠螺母副、静压丝杠螺母副、滚动导轨、静压导轨和塑料导轨等高效执行部件，来减小摩擦阻力，提高运动精度，避免低速爬行。

(2) 传动系统的精度和刚度高。一般来说，数控机床直线运动的定位精度和分辨率都要达到微米级，回转运动的定位精度要达到角秒级。伺服电动机的驱动转矩很大（特别是起动、制动时的转矩），如果传动部件的刚度不足，必然会使传动部件产生变形，影响定位精度、动态稳定性和快速响应特性。因此必须提高进给传动系统的精度和刚度。

进给传动系统传动的精度和刚度，主要取决于丝杠螺母副、蜗杆螺母副及其支承结构的刚度。加大滚珠丝杠的直径，对滚珠丝杠螺母副、蜗杆螺母副、支承部件进行预紧，对滚珠丝杠进行预拉伸等，都是提高系统刚度的有效措施。此外，在传动链中设置减速齿轮，可以减小脉冲当量，从系统设计的角度分析可以提高传动精度，消除传动间隙。

(3) 减小运动部件惯性，产生适当阻尼。进给传动系统中传动装置的惯量对伺服机构的起动和制动特性都有直接影响，尤其是高速运转的零件，其惯性的影响更大。因此，在满足部件强度和刚度的前提下，应尽可能减小执行部件的质量、直径，合理配置零件的结构，以减小运动部件的惯量,提高快速性。

另外,系统中还应产生适当的阻尼,尽管阻尼会降低伺服系统的快速响应特性,但也是提高系统稳定性所必需的。

2) 滚珠丝杠螺母副传动结构

滚珠丝杠螺母副是回转运动与直线运动相互转换的新型理想传动装置,在数控机床上得到广泛的使用。

(1) 工作原理与特点。滚珠丝杠螺母副(简称滚珠丝杠副)是一种在丝杠与螺母间装有滚珠作为中间传动元件的丝杠副,其结构如图 6 – 23 所示。图中丝杠和螺母上都磨有圆弧形的螺旋槽,这两个圆弧形的螺旋槽对合起来就形成螺旋线滚道,在滚道内装有滚珠。当丝杠回转时,滚珠相对于螺母上的滚道滚动,因此丝杠与螺母之间基本上为滚动摩擦。为了防止滚珠从螺母中滚出来,在螺母的螺旋槽两端设有回程引导装置,使滚珠能循环流动。

滚珠丝杠螺母副的特点如下。

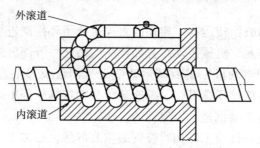

图 6 – 23 滚珠丝杠螺母副结构

① 传动效率高,摩擦损失小。传动效率可达 0.92 ~ 0.96,比常规的滑动丝杠螺母副效率提高 3 ~ 4 倍,因此伺服电动机所需传动转矩小。

② 灵敏度高,传动平稳。滚珠丝杠螺母副的动、静摩擦因数相差极小,无论是静止、低速还是高速,摩擦阻力几乎不变。因此,滚珠丝杠螺母副传动灵敏,随动性高,不易产生爬行。

③ 磨损小,使用寿命长。使用寿命主要取决于材料表面的抗疲劳强度。滚珠丝杠螺母副制造精度高,其循环运动比滚动轴承低,所以磨损小,精度保持性好,使用寿命长。

④ 运动具有可逆性,反向定位精度高。不仅可以将旋转运动变为直线运动,也可将直线运动变为旋转运动,通过预紧消除轴向间隙,保证反向无空回死区,从而提高轴向刚度和反向定位精度。

⑤ 制造工艺复杂,成本高。螺旋槽需要加工成弧形,且对精度和表面粗糙度要求很高,螺旋线滚道必须磨削,因此制造工艺复杂,成本高。

⑥ 不能自锁。滚珠丝杠螺母副摩擦阻力小,运动具有可逆性,因而不能自锁,为了避免系统惯性或垂直安装时对运动可能造成的影响,因此需要附加制动机构。

(2) 滚珠丝杠螺母副的循环方式。滚珠丝杠螺母副按滚珠的循环方式有外循环和内循环两种。图 6 – 24 所示为滚珠丝杠螺母副的内循环方式,滚珠循环过程中与丝杠始终接触,螺旋槽的两相邻滚道之间由反向器实现滚珠的循环运动,并防止滚珠在管道内作循环运动。

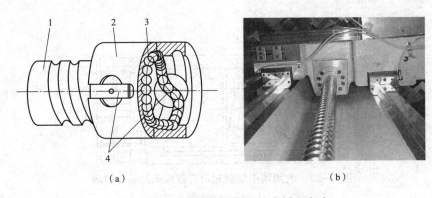

图 6-24 滚珠丝杠螺母副的内循环方式
1—丝杠；2—螺母；3—滚珠；4—反向器。
（a）结构图；（b）实物图

如图 6-25 所示，滚珠丝杠螺母副的外循环方式中滚珠在循环返回时，离开螺旋线滚道，在螺母体内或体外作循环运动。

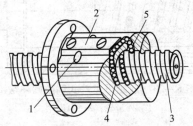

图 6-25 滚珠丝杠螺母副的外循环方式
1—弯管；2—压板；3—丝杠；4—滚环；5—螺旋线滚道。

（3）滚珠丝杠螺母副间隙的调整。滚珠丝杠螺母副的间隙是轴向间隙，其数值是指丝杠和螺母无相对转动时，二者之间的最大轴向窜动量。除了结构本身的游隙之外，还包括施加轴向载荷后产生的弹性变形所造成的轴向窜动量。为了保证滚珠丝杠传动精度，必须消除滚珠丝杠螺母副轴向间隙。

图 6-26 为结构通过修磨垫片的厚度来调整轴向间隙，这种调整方法具有结构简单、可靠、刚性好、装卸方便等优点，但调整较费时间，很难在一次修磨中完成调整，滚道有磨损时不能随时消除间隙和进行预紧，适用于一般精度的机床。

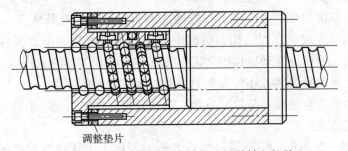

调整垫片

图 6-26 通过修磨垫片的厚度调整轴向间隙

图 6-27 为利用两个锁紧螺母来调整螺母的轴向间隙来实现预紧的结构，两个螺母靠平键与外套相连，其中右边的一个螺母外伸部分有螺纹，这种方法结构简单，调整方便，但调

整精度较差,且易于松动。

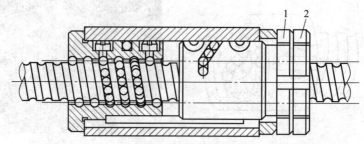

图 6-27 利用两个锁紧螺母调整螺母的轴向间隙

1、2—锁紧螺母。

图 6-28 为双螺母齿差式调整间隙结构。

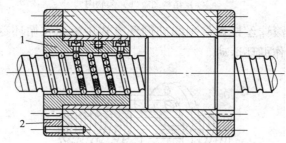

图 6-28 双螺母齿差式调整间隙结构

1—外齿轮;2—内齿轮。

3. 数控机床的自动换刀装置

为完成对零件的多工序加工而设置的存储及更换刀具的装置称为自动换刀装置(Automatic Tool Changer,ATC)。自动换刀装置应当具备换刀时间短、刀具重复定位精度高、足够的刀具储备量、占地面积小和安全可靠等特性。自动换刀装置是加工中心区别于其他数控机床的特征结构。自动换刀装置具有根据工艺要求自动更换所需刀具的功能,即自动换刀机能。各类数控机床的自动换刀装置的结构取决于机床的类型、工艺范围和使用刀具的种类和数量。

1) 自动换刀装置的形式

自动换刀装置主要由刀库、机械手和驱动机构等部件组成的一套独立、完整装置。当需换刀时,根据数控系统指令,由机械手(或通过别的方式)将刀具从刀库取出装入主轴中。尽管换刀过程、选刀方式、刀库结构、机械手类型等各不相同,但都是在数控装置及 PLC 控制下,由电动机、液压或气动机构驱动刀库和机械手实现刀具的选择与交换。当机构中装入接触式传感器,自动换刀装置还可实现对刀具和工件误差的测量。

根据其结构形式,自动换刀装置可分为:排式刀架、回转刀架、转塔式自动换刀装置和带刀库的自动换刀装置。

(1) 排式刀架。如图 6-29 所示,排式刀架一般用于小规格数控车床,以加工棒料或盘类零件为主。当一把刀具完成车削任务后,横向滑板只要按程序沿 X 轴移动预先设定的距离后,第二把刀就到达加工位置,这样就完成了机床的换刀动作。这种结构有以下优点:刀具布置和机床调整等方面都较为方便;可根据具体工件的车削工艺要求,任意组合各种不同用途的刀具；换刀迅速省时，有利于提高机床的生产效率。

（2）回转刀架。如图6-30所示，数控车床上使用的回转刀架是一种最简单的自动换刀装置，根据不同加工对象，可以设计成四方刀架和六角刀架等多种形式。回转刀架上分别安装着四把、六把或更多的刀具，并按数控装置的指令换刀。回转刀架在结构上应具有良好的强度和刚性，以承受粗加工时的切削抗力。由于车削加工精度在很大程度上取决于刀尖位置，对于数控车床来说，加工过程中刀尖位置不进行人工调整，因此更有必要选择可靠的定位方案和合理的定位结构，以保证回转刀架在每一次转位之后，具有尽可能高的重复定位精度（一般为 0.001~0.005 mm）。

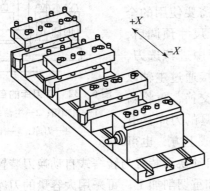
图6-29 排式刀架

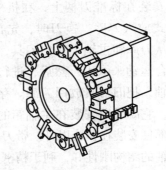
图6-30 回转刀架

（3）转塔式自动换刀装置。一般数控机床常采用转塔式自动换刀装置，如数控车床的转塔刀架，数控钻镗床的多轴转塔头等。在转塔式自动换刀装置的各个主轴头上，预先安装有各工序所需要的旋转刀具，当发出换刀指令时，各种主轴头依次地转到加工位置，并接通主运动，使相应的主轴带动刀具旋转，而其他处于不同加工位置的主轴都与主运动脱开（如图6-31所示）。转塔式自动换刀装置的主要优点在于省去了自动松夹、卸刀、装刀、夹紧，以及刀具搬运等一系列复杂的操作，缩短了换刀时间，提高了换刀可靠性，它适用于工序较少，精度要求不高的数控机床。

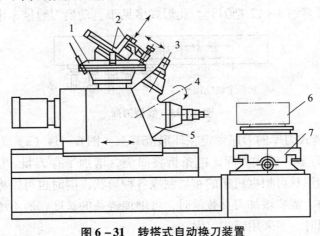

图6-31 转搭式自动换刀装置

1—刀库；2—机械手；3，4—刀具主轴；5—转塔头；6—工件；7—工作台。

（4）带刀库的自动换刀装置。由于回转刀架、转塔头式换刀装置容纳的刀具数量不能太多，不能满足复杂零件的加工需要，因此，自动换刀数控机床多采用带刀库的自动换刀装置。

首先要把加工过程中使用的全部刀具分别安装在标准刀柄上，在机外进行尺寸预调整后，按一定的方式放入刀库。换刀时，先在刀库中选刀，再由自动换刀装置从刀库或主轴上取出刀具，进行交换，将新刀具装入主轴，旧刀具放回刀库。

如图6-32所示，带刀库的自动换刀装置是目前镗铣加工中心机床上应用最为广泛的一种自动换刀装置，由刀库、选刀机构、刀具交换机构、自动装卸机构等组成。它的整个换刀过程较复杂，首先把加工过程中需要使用的全部刀具分别安装在标准刀柄上，在机外进行尺寸预调后，按一定的方式放入刀库。换刀时，先在刀库中进行选刀，并由机械手从刀库和主轴上取出刀具，或直接通过主轴以及刀库的配合运动来取刀；然后，进行刀具交换，再将新刀具装入主轴，把旧刀具放回刀库。存放刀具的刀库具有较大的容量，它既可以安装在主轴箱的侧面或上方，也可

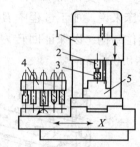

图6-32 带刀库的自动换刀装置
1—主轴箱；2—主轴；3—刀具；
4—刀库；5—工件。

以作为独立部件安装在机床以外。带刀库的自动换刀装置与转塔式自动换刀装置比较，有以下优点：主轴的结构刚性好，利于精密加工和重切削加工；可采用大容量的刀库，以实现复杂零件的多工序加工，从而提高了机床的适应性和加工效率。其缺点是：需要增加刀具的自动夹紧、放松机构、刀库运动及定位机构，还要有清洁刀柄及刀孔、刀座的装置，结构较复杂；换刀过程动作多、换刀时间长、影响换刀工作可靠性的因素较多。

2）自动换刀装置的刀库形式和刀具交换方式

（1）刀库的形式。在自动换刀装置中，刀库是最主要的部件之一。刀库是用来贮存加工刀具及辅助工具的地方，其容量、布局及具体结构对数控机床的设计都有很大影响。根据刀库的容量和取刀的方式，可以将刀库设计成各种形式，常见的形式有如下几种。

① 线型刀库。线型刀库的刀具在刀库中呈直线排列，如图6-33所示。其结构简单，刀库容量小，一般可容纳8~12把刀具。此形式多见于自动换刀数控车床。

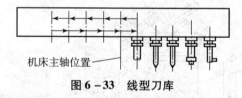

图6-33 线型刀库

② 链式刀库。链式刀库的刀座固定在环形链节上。图6-34（a）为常用的单环链式刀库。图6-34（b）为多环链式刀库，链条折叠回绕，增加了存刀量。链式刀库结构紧凑，刀库容量大，链环的形状可根据机床的布局制成各种形状，同时也可以将换刀位突出以便于换刀。在一定范围内，需要增加刀具数量时，可增加链条的长度，而不增加链轮直径。当刀具数量在30~120把时，多采用链式刀库。

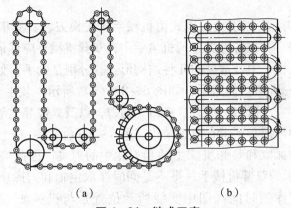

图 6-34 链式刀库
(a) 单环链式刀库；(b) 多环链式刀库

③ 圆盘式刀库。圆盘式刀库是最常用的一种形式,种类很多。如图 6-35 所示,刀库存刀量最多为 50~60 把,存刀量过多,则结构尺寸庞大,与机床布局不协调。为进一步扩大存刀量,有的机床使用多圈分布刀具的圆盘式刀库、多层圆盘式刀库、多排圆盘式刀库。

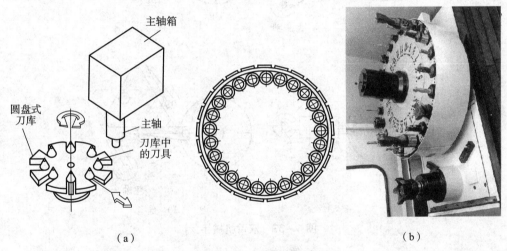

图 6-35 圆盘式刀库

④ 箱型刀库。如图 6-36 所示,采用箱型刀库时为减少换刀时间,换刀机械手通常利用前一把刀具加工工件的时间,预先取出要更换的刀具。箱型刀库占地面积小,结构紧凑,在相同的空间内可以容纳的刀具数目较多,但由于它的选刀和取刀动作复杂,较少用于单机加工中心,多用于柔性制造系统中的集中供刀系统。

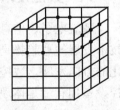

图 6-36 箱型刀库

(2) 刀具交换方式。数控机床的自动换刀装置中,由刀具交换装置实现刀库与机床主轴之间传递和装卸刀具。刀具的交换方式和结构对机床的生产率、工作可靠性都有着直接的影响。刀具的交换方式可分为以下两大类。

① 无机械手换刀方式。无机械手换刀方式是依靠刀库与机床主轴的相对运动实现刀具交换的。换刀时,必须首先将用过的刀具送回刀库,然后再从刀库中取出新刀具,这两个动作不可能同时进行,因此换刀时间长,但省去了结构复杂的换刀机械手,提高了换刀的可

靠性。

② 机械手换刀方式。机械手换刀方式由机械手实现换刀，具有很大的灵活性，选刀和换刀两个动作可同时进行。在各种类型的机械手中，双臂机械手应用最为广泛。

图 6-37 为双臂机械手中最常见的几种结构形式，分别是钩手，如图 6-37（a）所示；抱手，如图 6-37（b）所示；伸缩手，如图 6-37（c）所示；权手，如图 6-37（d）所示。这几种机械手能够完成抓刀、拔刀、换刀、插刀，以及复位等全部动作。为了防止刀具掉落，各机械手的活动爪都必须带有自锁结构。图 6-37（a）～（c）的双臂机械手动作比较简单，而且能够同时抓取和装卸机床主轴和刀库中的刀具，因此换刀时间可以进一步缩短。图 6-37（d）所示的双臂机械手，虽不是同时抓取主轴和刀库中的刀具，但是换刀准备时间、将刀具送回刀库的时间（图中实线所示位置）与机械加工时间重合，因而换刀（图中细双点画线所示位置）时间较短。

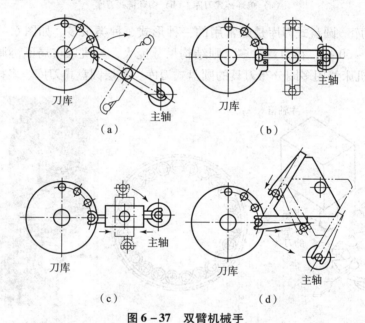

图 6-37 双臂机械手

六、数控技术的应用与发展

随着电子、信息等高新技术的不断发展，随着市场需求个性化与多样化，未来先进制造技术发展的总趋势是向精密化、柔性化、网络化、虚拟化、智能化、清洁化、集成化、全球化的方向发展。数控技术是制造业实现这些先进制造技术的基础，而数控技术水平高低和数控设备拥有量是体现国家综合国力水平、衡量国家工业现代化的重要标志之一。

1. 现代制造技术的发展趋势

21 世纪是知识经济新时代，制造业作为我国新世纪的战略产业将面临剧烈的挑战和经历一场深刻的技术变革。在传统制造技术基础之上发展起来的先进制造技术代表了制造技术发展的前沿，对制造业的发展将产生巨大影响。当前先进制造技术的发展大致有以下特点。

1) 信息技术、管理技术与工艺技术紧密结合

随着信息技术向制造技术的注入和融合，信息技术促使制造技术不断地发展，使制造技术的技术含量提高，使传统制造技术发生质的变化，促进了加工制造的精密化、快速化，自动化技术的柔性化、智能化，整个制造过程的网络化、全球化。相继出现的各种先进制造模式，如 CIMS、并行工程、精益生产、敏捷制造、虚拟企业与虚拟制造等，均以信息技术的发展为支撑。

2) 计算机辅助设计、辅助制造、辅助工程分析（CAD/CAM/CAE）

制造信息的数字化，将实现 CAD/CAM/CAE 的一体化，使产品向无图纸制造方向发展。在发达国家的大型企业中，已广泛使用 CAD/CAM，实现 100% 数字化设计。将数字化技术注入产品设计开发，提高了企业产品自主开发能力和产品档次，同时也提高了企业对市场的应变能力和快速响应能力。通过局域网实现企业内部并行工程，通过 Internet 建立跨地区的虚拟企业，实现资源共享，优化配置，也使制造业向互联网辅助制造方向发展。

3) 加工制造技术向着超精密、超高速，以及发展新一代制造装备的方向发展

(1) 超精密加工技术。超精密加工技术是为了获得被加工件的形状、尺寸精度和表面粗糙度均优于亚微米级的一门高新技术。超精密加工技术的加工精度由红外波段向可见光和不可见光的紫外波段趋近，目前加工精度达到 0.025 μm，表面粗糙度达 0.045 μm，已进入纳米级加工时代。美国为了适应航空、航天等尖端技术的发展，已研制出多种数控超精密加工车床，最大的加工直径可达 1.63 m，定位精度为 28 nm（10^{-9} m）。

(2) 超高速切削。目前铝合金超高速切削的切削速度已超过 1 600 m/min，铸铁为 1 500 m/min，超耐热镍合金为 300 m/min，钛合金为 200 m/min。超高速切削的发展已转移到一些难加工材料的切削加工。现代数控机床主轴的最高转速可达到 10 000 ~ 20 000 r/min，采用高速内装式主轴电动机后，使主轴直接与电动机连接成一体，可将主轴转速提高到 40 000 ~ 50 000 r/min。

(3) 新一代制造装备的发展。市场竞争和新产品、新技术、新材料的发展推动着新型加工设备的研究与开发，如并联桁架式结构数控机床（俗称"六腿"机床），突破了传统机床的结构方案，采用可以伸缩的 6 条"腿"连接定平台和动平台，每个"腿"均由各自的伺服电动机和精密滚珠丝杠驱动，控制这 6 条"腿"的伸缩就可以控制装有主轴头的动平台的空间位置和姿势，满足刀具运动轨迹的要求。

4) 工艺研究由"经验判断"走向"定量分析"

先进制造技术的一个重要发展趋势是通过计算机技术和模拟技术的应用，使工艺研究由"经验判断"走向"定量分析"，加工工艺由技艺发展为工程科学。

5) 虚拟现实技术在制造业中获得越来越多的应用

虚拟现实技术（Virtual Reality Technology）主要包括虚拟制造技术和虚拟企业两个部分。

虚拟制造技术将从根本上改变了设计、试制、修改设计、规模生产的传统制造模式。在产品真正制出之前，首先在虚拟制造环境中生成软产品原型（Soft Prototype）代替传统的硬样品（Hard Prototype）进行试验，对其性能和可制造性进行预测和评价，从而缩短产品的设计与制造周期，降低产品的开发成本。

虚拟企业是为了快速响应某一市场需求，通过信息高速公路，将产品涉及的不同企业临

时组建成为一个没有围墙、超越空间约束、靠计算机网络联系、统一指挥的合作经济实体。虚拟企业的特点是企业功能上的不完整、地域上的分散性和组织结构上的非永久性，即功能的虚拟化、组织的虚拟化、地域的虚拟化。

2. 数控机床和数控系统的发展方向

随着先进生产技术的发展，要求现代数控机床向高速度、高精度、高可靠性、智能化和更完善的功能方向发展。

1）高速度、高精度化

高速化指数控机床的高速切削和高速插补进给，目标是在保证加工精度的前提下，提高加工速度。这不仅要求数控系统的处理速度快，同时还要求数控机床具有大功率和大转矩的高速主轴、高速进给电动机、高性能的刀具、稳定的高频动态刚度。

高精度包括高进给分辨率、高定位精度和重复定位精度、高动态刚度、高性能闭环交流数字伺服系统等。

数控机床由于装备有新型的数控系统和伺服系统，使机床的分辨率（进给速度）达到 0.1 μm（24 m/min）或 1 μm（100～240 m/min），现代数控系统已经逐步由 16 位 CPU 系统过渡到 32 位 CPU 系统。日本产的 FANUC 15 系统开发出 64 位 CPU 系统，能达到最小移动单位 0.1 μm 时，最大进给速度为 100 m/min。FANUC 16 和 FANUC 18 采用简化与减少控制基本指令的精简指令计算机（Reduced Instruction Set Computer，RISC），能进行更高速度的数据处理，使一个程序段的处理时间缩短到 0.5 ms，连续 1 mm 移动指令的最大进给速度可达到 120 m/min。

日本交流伺服电动机已装上每转可产生 100 万个脉冲的内藏位置检测器，其位置检测精度可达到 0.01 mm/脉冲。补偿技术方面，除采用齿隙补偿、丝杠螺距误差补偿、刀具补偿等技术外，还开发了热补偿技术，减少由热变形引起的加工误差。

2）开放式

开放式要求新一代数控机床的控制系统是一种开放的、模块化的体系结构：系统的构成要素应是模块化的，同时各模块之间的接口必须是标准化的；系统的软件、硬件构造应是"透明的""可移植的"；系统应具有"连续升级"的能力。

为满足现代机械加工的多样化需求，新一代数控机床机械结构更趋向于开放式：机床结构按模块化、系列化原则进行设计与制造，以便缩短供货周期，最大限度满足用户的工艺需求。随着数控机床很多部件的质量指标不断提高，品种规格逐渐增加、机电一体化内容更加丰富，专门为数控机床配套的各种功能部件已完全商品化。

3）智能化

所谓智能化数控系统，是指数控系统具有拟人智能特征，智能数控系统通过对影响加工精度和效率的物理量进行检测、建模、提取特征，自动感知加工系统的内部状态及外部环境，快速做出实现最佳目标的智能决策，对进给速度、切削深度、坐标移动、主轴转速等工艺参数进行实时控制，使机床的加工过程处于最佳状态。

（1）在数控系统中引进自适应控制技术。数控机床中因工件毛坯余量不匀、材料硬度不一致、刀具磨损、工件变形、切削液等因素的变化将直接或间接影响加工效果。自适应控制技术是在加工过程中不断检查某些能代表加工状态的参数，如切削力、切削温度等，通过评价函数计算和最佳化处理，对主轴转速、刀具（或工作台）进给速度等切削用量参数进行校正，使数控机床能够始终在最佳的切削状态下工作。

（2）设置故障自诊断功能。数控机床工作过程中出现故障时，控制系统能自动诊断，并立即采取措施排除故障，以适应长时间在无人环境下的正常运行要求。

（3）具有人机对话自动编程功能。可以把自动编程机具有的功能，装入数控系统，使零件的程序编制工作可以在数控系统上在线进行，用人机对话方式，通过CRT彩色显示和手动操作键盘的配合，实现程序的输入、编辑和修改，并在数控系统中建立切削用量专家系统，从而达到提高编程效率和降低操作人员技术水平的要求。

（4）应用图像识别和声控技术。图像识别和声控技术是指由机床自己辨别图样，并自动地进行数控加工的智能化技术和根据人的语言声音对数控机床进行自动控制的智能化技术。

4）复合化加工

复合化加工，即在一台机床上工件一次装夹便可以完成多工种、多工序的加工，通过减少装卸刀具、装卸工件、调整机床的辅助时间，实现一机多能，最大限度提高机床的开机率和利用率。20世纪60年代初期，在一般数控机床的基础上开发了加工中心（MC），即自备刀库的自动换刀数控机床。在加工中心上，工件一次装夹后，机床的机械手可自动更换刀具，连续地对工件的各加工面进行多种工序加工。目前加工中心的刀库容量可多达120把左右，自动换刀装置的换刀时间为1~2 s。加工中心中除了镗铣类加工中心和车削类车削中心外，还出现了集成型车/铣加工中心、自动更换电极的电火花加工中心、带有自动更换砂轮装置的内圆磨削加工中心等。

随着数控技术的不断发展，原有机械分类的工艺性能界限被打破，出现了相互兼容、扩大工艺范围的趋势。复合化加工不仅是加工中心、车削中心等在同类技术领域内的复合，而且正向不同类技术领域内的复合发展。

多轴联动，是衡量数控系统的重要指标，现代数控系统的控制轴数可多达16轴，同时联动轴数已达到6轴。高档次的数控系统，还增加了自动上下料的轴控制功能，有的还在PLC里增加位置控制功能，以补充轴控制数的不足。这些改变将会进一步扩大数控机床的工艺范围。

5）高可靠性

高可靠性的数控系统是提高数控机床可靠性的关键，因此需要选用高质量的印制电路和元器件，对元器件进行严格地筛选，建立稳定的制造工艺及产品性能测试等一整套质量保证体系。例如，在新型的数控系统中采用大规模、超大规模集成电路实现三维高密度插装技术，进一步地把典型的硬件结构集成化，做成专用芯片，提高了系统的可靠性。

现代数控机床均采用CNC系统，数控系统的硬件由多种功能模块制成，对于不同功能的模块可根据机床数控功能的需要选用，并可自行扩展，组成满意的数控系统。在CNC系统中，只要改变一下软件或控制程序，就能制成适应各类机床不同要求的数控系统。

现代数控机床都装备有各种类型的监控、检测装置，以及具有故障自动诊断与保护功能。能够对工件和刀具进行监测，发现工件超差，刀具磨损、破裂，能及时报警，给予补偿，或对刀具进行调换，具有故障预报和自恢复功能，保证数控机床长期可靠地工作。数控系统一般能够对软件、硬件进行故障自诊断，能自动显示故障部位及类型，以便快速排除故障。此外，系统中注意增强保护功能，如行程范围保护功能、断电保护功能等，以避免机床损坏和工件报废。

6）多种插补功能

数控机床除具有直线插补、圆弧插补功能外，有的还具有样条插补、渐开线插补、螺旋插补、极坐标插补、指数曲线插补、圆柱插补、假想坐标插补等。

7）人机界面的友好

现代数控机床人机界面具有的特征为：

（1）现代数控机床具有丰富的显示功能，多数系统都具有实时图形显示、PLC 梯形图显示和多窗口的其他显示功能；

（2）丰富的编程功能，像会话式自动编程功能、图形输入自动编程功能，有的还具有 CAD/CAM 功能；

（3）方便的操作，有引导对话方式帮助使用者很快熟悉操作，设有自动工作手动参与功能；

（4）根据加工的要求，各系统都设了多种方便于编程的固定循环；

（5）伺服系统数据和波形的显示，伺服系统参数的自动设定；

（6）系统具有多种管理功能，刀具及其寿命的管理、故障记录、工作记录等；

（7）PLC 程序编制方法增加，目前有梯形图编程（Ladder Language Program）方法、步进顺序流程图编程（Step Sequence Program）方法；

（8）帮助功能，系统不但显示报警内容，而且能指出解决问题的方法。

3. 数控技术与计算机集成制造系统

1）柔性制造单元（Flexible Manufacturing Cell）

FMC 在早期是作为简单和初级的柔性制造技术而发展起来的。它在 MC 的基础上增加了托盘自动交换装置或机器人、刀具和工件的自动测量装置、加工过程的监控功能等，它和 MC 相比具有更高的制造柔性和生产效率。

图 6-38 为配有托盘交换系统的 FMC。托盘上装夹有工件，在加工过程中，它与工件一起流动，类似通常的随行夹具。环形工作台用于工件的输送与中间存储，托盘座在环形导轨上由内侧的环链拖动而回转，每个托盘座上有地址识别码。当一个工件加工完毕，数控机床发出信号，由托盘交换装置将加工完的工件（包括托盘）拖至回转台的空位处，然后转至装卸工位，同时将待加工工件推至机床工作台并定位加工。

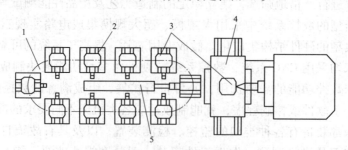

图 6-38 配有托盘交换系统的 FMC

1—环行工作台；2—托盘座；3—托盘；4—加工中心；5—托盘交换装置。

在车削 FMC 中一般不使用托盘交换工件，而是直接由机械手将工件安装在卡盘中，装卸料由机械手或机器人实现，如图 6-39 所示。

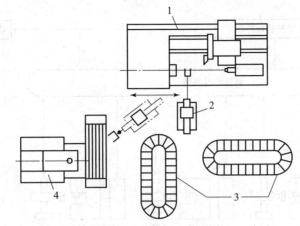

图 6-39　机器人搬运式 FMC
1—车削中心；2—机器人；3—物料传送装置。

FMC 是在加工中心（MC）、车削中心（TC）的基础上发展起来的，又是 FMS 和 CIMS 的主要功能模块。FMC 具有规模小、成本低（相对 FMS）、便于扩展等优点，它可在单元计算机的控制下，配以简单的物料传送装置，扩展成小型的柔性制造系统，适用于中小企业。

2）柔性制造系统（Flexible Manufacturing System）

FMS 是集自动化加工设备、物流和信息流自动处理为一体的智能化加工系统。FMS 由一组 CNC 机床组成，它能随机地加工一组具有不同加工顺序及加工循环的零件。实行自动运送材料及计算机控制，以便动态地平衡资源的供应，从而使系统自动地适应零件生产混合的变化及生产量的变化。

图 6-40 为柔性制造系统框图。由图可见，柔性制造系统由加工系统、物料输送系统和信息系统组成。

（1）加工系统。该系统由自动化加工设备、检验站、清洗站、装配站等组成，是 FMS 的基础部分。加工系统中的自动化加工设备通常由 5~10 台 CNC 机床、加工中心及其附属设备（例如工件装卸系统、冷却系统、切屑处理系统和刀具交换系统等）组成，可以以任意顺序自动加工各种工件、自动换工件和刀具。

FMS 中常需在适当位置设置检验工件尺寸精度的检验站，由计算机控制的坐标测量机担任检验工作。其外形类似三坐标数控铣床，在通常安装刀具的位置上装置检测触头，触头随夹持主轴按程序相对工件移动，检测工件上一些预定点的坐标位置。计算机读入这些预定点的坐标值之后，经过运算和比较，可算出各种几何尺寸（如外圆内孔的直径、平面的平面度、平行度、垂直度等）的加工误差，并发出通过或不通过等命令。

清洗站的任务是清除工件夹具和装载平板上的切屑和油污。

装卸站设在物料处理系统中靠近自动化仓库和 FMS 的入口处。由于装卸操作系统较复杂，大多数 FMS 均采用人力装卸。

（2）物料输送系统。物料输送系统在计算机控制下主要实现工件和刀具的输送及入库存放，它由自动化仓库、自动输送小车、机器人等组成。

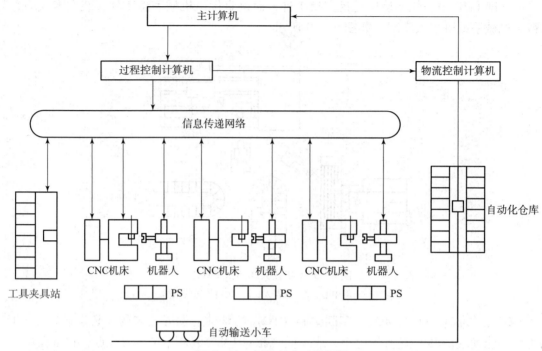

图 6-40 柔性制造系统框图

在 FMS 中，工件一般通过专用夹具安装在托盘上，工件输送时连同整个托盘一起由自动输送小车进行输送。在计算机的控制下，根据作业调度计划自动从工件存贮区将工件取出送到指定的机床上加工，或者从机床上取出已完成该工序加工的工件送到另一机床上加工。

自动输送小车在自动化仓库和各个制造单元之间完成工件输送任务。

自动化仓库包括仓库多层货架、出入库装卸站、堆垛起重机、传动齿轮和导轨等组成，它能通过物料运贮工作站的指令实现毛坯、加工成品的自动入库及出库。

刀具输送是利用机器人实现刀具进出系统以及系统中央刀库和各加工设备刀库之间的刀具输送。

(3) 信息系统。信息系统由主计算机、分级计算机及其接口、外围设备和各种控制装置的硬件和软件组成。其主要功能是实现各系统之间的信息联系，确保系统的正常工作。对 FMS，计算机系统一般分为 3 级，第一级为主计算机，又称为管理计算机，其任务是：一是用来向下一级计算机实时发布命令和分配数据；二是用来实时采集现场工况；三是用来观察系统的运行情况。第二级为过程控制计算机，包括计算机群控（DNC）、刀具管理计算机和工件管理计算机，其作用是接受主计算机的指令，根据指令对下属设备实施具体管理。第三级由各设备的控制计算机构成，执行各种操作任务。

在 FMS 中，加工零件被装夹在随行夹具或托盘上，自动地按加工顺序在机床间逐个输送，工序间输送的工件一般不再重新装夹。专用刀具和夹具也能在计算机控制下自动调度和更换。如果在系统中设置有测量工作站，则加工零件的质量也能在测量工作站上检查，甚至进一步实现加工质量的反馈控制。系统只需要最低限度的操作人员，并能实现夜班无人作业，操作人员只负责起动和停止系统、装卸工件。由于 FMS 是具有很高柔性的自动化制造系统，因此它最适合于多品种、中小批量的零件生产。

3) DNC

DNC 是 Direct Numerical Control 或 Distributed Numerical Control 的简称，译为直接数字控制或分布数字控制。DNC 最早的含义是直接数字控制，其研究开始于 20 世纪 60 年代。它指的是将若干台数控设备直接连接在一台中央计算机上，由中央计算机负责 NC 程序的管理和传送。当时的研究目的主要是为了解决早期数控设备（NC）因使用纸带输入数控加工程序而引起的一系列问题和早期数控设备的高计算成本等问题。DNC 的基本功能是下传 NC 程序。随着技术的发展，现代 DNC 还具有制造数据传送（NC 程序上传、NC 程序校正文件下载、刀具指令下载、托盘零点值下载、机器人程序下载、工作站操作指令下载等）、状态数据采集（机床状态、刀具信息和托盘信息等）、刀具管理、生产调度、生产监控、单元控制和 CAD/CAPP/CAM 接口等功能。

4) 计算机集成制造系统（Computer Integrated Manufacturing System）简介

CIMS 是用于制造业工厂的综合自动化大系统。它在计算机网络和分布式数据库的支持下，把各种局部的自动化子系统集成起来，实现信息集成和功能集成，走向全面自动化，从而缩短产品开发周期、提高质量、降低成本。它是工厂自动化的发展方向，未来制造业工厂的模式。

(1) CIMS 的概念。计算机集成制造系统是在信息技术、自动化技术、计算机技术及制造技术的基础上，通过计算机及其软件，将制造工厂的全部生产活动——设计、制造及经营管理（包括市场调研、生产决策、生产计划、生产管理、产品开发、产品设计、加工制造以及销售经营）等与整个生产过程有关的物料流与信息流实现计算机高度统一的综合化管理，把各种分散的自动化系统有机地集成起来，构成一个优化的完整生产系统，从而获得更高的整体效益，缩短产品开发制造周期，提高产品质量，提高生产率，提高企业的应变能力，以赢得竞争。

(2) CIMS 的构成。CIMS 包括制造工厂生产、经营的全部活动，应具有经营管理、工程设计和加工制造等主要功能。图 6-41 为美国制造工程学会（SME）提出的 CIMS 轮式结构。其"核"为集成系统体系结构；内层为支撑分系统；中层可"水平"分解为工程设计（产品/工艺）、生产计划与生产控制，以及工厂自动化三个分系统；外层则有市场、战略规划、财务及制造管理和人力资源管理等分系统。

产品/工艺分系统主要包括：计算机辅助设计（CAD）、计算机辅助工程（CAE）、成组技术（GT）、计算机辅助工艺规程设计（CAPP）、计算机辅助数控编程技术等，目的是使产品的开发更高效、优质、并自动化地进行。

柔性制造系统是制造模块的主体，主要包括：零件的数控加工、生产调度、刀具管理、质量检测和控制、装配、物料储运等。

信息管理模块主要包括：市场预测、经营决策、各级生产计划、生产技术准备、销售及售后跟踪服务、成本核算、人力资源管理等，通过信息的集成，达到缩短产品生产周期、减少占用的流动资金、提高企业的应变能力。

公用数据库是 CIMS 的核心，对信息资源进行存储与管理，并与各个计算机系统进行通信，实现企业数据的共享和信息集成。

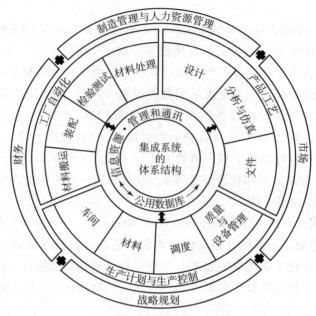

图 6-41 CIMS 轮式结构

由上述分析可知，CIMS 是建立在多项先进制造技术基础上的高技术制造系统，为赶上工业先进国家的机械制造水平，我国 863 计划将 CIMS 作为自动化领域中的一个主题项目进行研究，开展了关键技术的攻关工作，确定了若干试点工厂，取得了一批重要的研究成果。CIMS 的实施过程中要实现工程设计、制造过程、信息管理、工厂生产等技术和功能的集成，这种集成不是现有生产系统的计算机化，而原有的生产系统集成很困难，独立的自动化系统异构同化非常复杂，所以要考虑在实施 CIMS 计划时的收益和支出。

思考与练习

1. 数控机床由哪些部分组成？各有什么作用？

2. 什么叫点位控制、直线控制、轮廓控制数控机床？各有何特点及应用？

3. 简述开环、闭环、半闭环控制数控机床的区别。

4. 数控机床适合加工什么样的零件?

5. 加工中心与普通数控机床的区别是什么?

6. 数控机床对主轴驱动有哪些要求?

7. 主轴调速有哪几种方式?各有何特点?各适用于何种场合?

8. 主轴轴承的配置形式有几种?各有何优缺点?

9. 数控机床的主轴驱动主要有哪几种配置方式？

10. 主轴为何需要"准停"？如何实现"准停"？

11. 数控机床进给传动系统有哪些性能特点？

12. 滚珠丝杠螺母副的特点是什么？

13. 常用的自动换刀装置有哪几种？各有何特点？

14. 什么是 FMS？由哪几部分组成？

15. 什么是 CIMS？

思考与练习答案

附录 常用机床组、系代号及主参数

类	组	系	机床名称	主参数的折算系数	主参数
车床	1	1	单轴纵切自动车床	1	最大棒料直径
	1	2	单轴横切自动车床	1	最大棒料直径
	1	3	单轴纵切自动车床	1	最大棒料直径
	2	1	多轴棒料自动车床	1	最大棒料直径
	2	2	多轴卡盘自动车床	1/10	卡盘直径
	2	6	立式多轴半自动车床	1/10	最大车削直径
	3	0	回轮车床	1	最大棒料直径
	3	1	滑鞍转塔车床	1/10	最大车削直径
	3	3	滑鞍转塔车床	1/10	最大车削直径
	4	1	万能曲轴车床	1/10	最大工件回转直径
	4	6	万能凸轮轴车床	1/10	最大工件回转直径
	5	1	单柱立式车床	1/100	最大车削直径
	5	2	双柱立式车床	1/100	最大车削直径
	6	0	落地车床	1/10	最大车削直径
	6	1	卧式车床	1/10	床身上最大回转直径
	6	2	马鞍车床	1/10	床身上最大回转直径
	6	4	卡盘车床	1/10	床身上最大回转直径
	6	5	球面车床	1/10	刀架上最大回转直径
	7	1	仿形车床	1/10	刀架上最大回转直径
	7	5	多刀车床	1/10	刀架上最大回转直径
	7	6	卡盘多刀车床	1/10	刀架上最大回转直径
	8	4	轧辊车床	1/10	最大工件直径
	8	9	铲齿车床	1/10	最大工件直径
	9	1	多用车床	1/10	床身上最大回转直径

续表

类	组	系	机床名称	主参数的折算系数	主参数
钻床	1	3	立式坐标镗床	1/10	工作台面宽度
	2	1	深孔钻床	1/10	最大钻孔直径
	3	0	摇臂钻床	1	最大钻孔直径
	3	1	万向摇臂钻床	1	最大钻孔直径
	4	0	台式钻床	1	最大钻孔直径
	5	0	圆柱立式钻床	1	最大钻孔直径
	5	1	方柱立式钻床	1	最大钻孔直径
	5	2	可调多轴立式钻床	1	最大钻孔直径
	8	1	中心孔钻床	1/10	最大工件直径
	8	2	平断面中心孔钻床	1/10	最大工件直径
镗床	4	1	单柱坐标镗床	1/10	工作台面宽度
	4	2	双柱坐标镗床	1/10	工作台面宽度
	4	5	卧式坐标镗床	1/10	工作台面宽度
	6	1	卧式铣镗床	1/10	镗轴直径
	6	2	落地镗床	1/10	镗轴直径
	6	9	落地铣镗床	1/10	镗轴直径
	7	0	单面卧式精镗床	1/10	工作台面宽度
	7	1	双面卧式精镗床	1/10	工作台面宽度
	7	2	立式精镗床	1/10	最大镗孔直径
磨床	0	4	抛光机		—
	0	6	刀具磨床		—
	1	0	无心外圆磨床		最大磨削直径
	1	3	外圆磨床	1/10	最大磨削直径
	1	4	万能外圆磨床	1/10	最大磨削直径
	1	5	宽砂轮外圆磨床	1/10	最大磨削直径
	1	6	端面外圆磨床	1/10	最大回转直径
	2	1	内圆磨床	1/10	最大磨削孔径
	2	5	立式行星内圆磨床	1/10	最大磨削孔径

· 193 ·

续表

类	组	系	机床名称	主参数的折算系数	主参数
磨床	2	9	坐标磨床	1/10	工作台面宽度
	3	0	落地砂轮机	1/10	最大砂轮直径
	5	0	落地导轨磨床	1/100	最大磨削宽度
	5	2	龙门导轨磨床	1/100	最大磨削宽度
	6	0	万能工具磨床	1/10	最大回转直径
	6	3	钻头刃磨床	1	最大刃磨钻头直径
	7	1	卧轴矩台平面磨床	1/10	工作台面宽度
	7	3	卧轴圆台平面磨床	1/10	工作台面直径
	7	4	立轴圆台平面磨床	1/10	工作台面直径
	8	2	曲轴磨床	1/10	最大回转直径
	8	3	凸轮轴磨床	1/10	最大回转直径
	8	6	花键轴磨床	1/10	最大磨削直径
	9	0	工具曲线磨床	1/10	最大磨削长度
齿轮加工机床	2	0	弧齿锥齿轮磨齿机	1/10	最大工件直径
	2	2	弧齿锥齿轮铣齿机	1/10	最大工件直径
	2	3	直齿锥齿轮刨齿机	1/10	最大工件直径
	3	1	滚齿机	1/10	最大工件直径
	3	6	卧式滚齿机	1/10	最大工件直径
	4	2	剃齿机	1/10	最大工件直径
	4	6	珩齿机	1/10	最大工件直径
	5	1	插齿机	1/10	最大铣削直径
	6	0	花键轴铣床	1/10	最大工件直径
	7	0	碟形砂轮磨齿机	1/10	最大工件直径
	7	1	锥形砂轮磨齿机	1/10	最大工件直径
	7	2	蜗杆砂轮磨齿机	1/10	最大工件直径
	8	0	车齿机	1/10	最大工件直径
	9	3	齿轮倒角机	1/10	最大工件直径
	9	9	齿轮噪声检查机	1/10	最大工件直径

续表

类	组	系	机床名称	主参数的折算系数	主参数
螺纹加工机床	3	0	套螺纹机	1/10	最大套螺纹直径
	4	8	卧式攻螺纹机	1/10	最大攻螺纹直径
	6	0	丝杠铣床	1/10	最大铣削直径
	6	2	短螺纹铣床	1/10	最大铣削直径
	7	4	丝杠磨床	1/10	最大工件直径
	7	5	万能螺纹磨床	1/10	最大工件直径
	8	6	丝杠车床	1/10	最大工件直径
	8	9	短螺纹车床	1/10	最大车削直径
铣床	2	0	龙门铣床	1/10	工作台面宽度
	3	0	圆台铣床	1/10	工作台面直径
	4	3	平面仿形铣床	1/10	最大铣削宽度
	4	4	立体仿形铣床	1/10	最大铣削宽度
	5	0	立式升降台铣床	1/10	工作台面宽度
	6	0	卧式升降台铣床	1/10	工作台面宽度
	6	1	万能升降台铣床	1/10	工作台面宽度
	7	1	床身铣床	1/100	工作台面宽度
	8	1	万能工具铣床	1/10	工作台面宽度
	9	2	键槽铣床	1	最大键槽宽度
刨插床	1	0	悬臂刨床	1/100	最大刨削宽度
	2	0	龙门刨床	1/100	最大刨削宽度
	2	2	龙门铣磨刨床	1/100	最大刨削宽度
	5	0	插床	1/10	最大插削长度
	6	0	牛头刨床	1/10	最大刨削长度
	8	8	模具刨床	1/10	最大刨削长度
拉床	3	1	卧式外拉床	1/10	额定拉力
	4	3	连续拉床	1/10	额定拉力
	5	1	立式内拉床	1/10	额定拉力
	6	1	卧式内拉床	1/10	额定拉力
	7	1	立式外拉床	1/10	额定拉力
	9	1	气缸体平面拉床	1/10	额定拉力

续表

类	组	系	机床名称	主参数的折算系数	主参数
特种加工机床	1	1	超声波穿孔机	1/10	最大功率
	2	5	电解车刀刃磨床	1	最大车刀宽度
	7	1	电火花成形机	1/10	工作台面宽度
	7	7	电火花线切割机	1/10	工作台横向行程
锯床	5	1	立式带锯床	1/10	最大工件高度
	6	0	卧式圆锯床	1/100	最大圆锯片直径
	7	1	卧式弓锯床	1/10	最大锯削直径
其他机床	1	6	管接头车螺纹机	1/10	最大加工直径
	2	1	木螺钉纹螺纹加工机	1	最大加工直径
	4	0	圆刻线机	1/100	最大加工直径
	4	1	长度线机	1/100	最大加工长度

参 考 文 献

[1] 戴曙. 金属切削机床 [M]. 北京：机械工业出版社，2005.

[2] 周宗明. 金属切削机床 [M]. 北京：清华大学出版社，2004.

[3] 吴圣庄. 金属切削机床概论 [M]. 北京：机械工业出版社，1985.

[4] 顾维邦. 金属切削机床概论 [M]. 北京：机械工业出版社，2005.

[5] 郑修本. 机械制造工艺学 [M]. 北京：机械工业出版社，2000.

[6] 陈根琴. 机械制造技术 [M]. 北京：北京理工大学出版社，2007.

[7] 吴祖育. 数控机床 [M]. 上海：上海科学技术出版社，1990.

[8] 刘又午. 数字控制机床 [M]. 北京：机械工业出版社，1983.

[9] 《机床设计手册》编写组. 机床设计手册：第三册 [M]. 北京：机械工业出版社，1986.

[10] 于骏一，邹青. 机械制造技术基础 [M]. 北京：机械工业出版社，2004.

[11] 赵玉刚，宋现春. 数控技术 [M]. 北京：机械工业出版社，2003.

[12] 王永章. 数控技术 [M]. 北京：高等教育出版社，2002.

[13] 陈勇. 机械制造技术 [M]. 北京：冶金工业出版社，2008.

[14] 李军利. 金属切削机床 [M]. 北京：冶金工业出版社，2008.

[15] 何萍，黎震. 金属切削机床概论 [M]. 3版. 北京：北京理工大学出版社，2013.